LES EAUX THERMALES

DE

BOURBONNE-LES-BAINS

(HAUTE-MARNE.)

IMPRIMÉ CHEZ PAUL RENOUARD,
rue Garancière, 5.

LES EAUX THERMALES

DE

BOURBONNE-LES-BAINS

(HAUTE-MARNE).

PAR E. MAGNIN,

Docteur en médecine,

INSPECTEUR-ADJOINT DES EAUX THERMALES DE BOURBONNE.

> Que de malades abandonnés de tous les
> médecins ont trouvé la santé à des sources
> minérales.
> PATISSIER, *Manuel des Eaux
> minérales naturelles.*

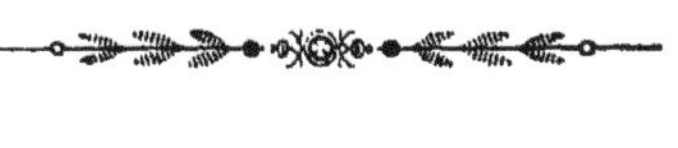

PARIS.

CHEZ J.-B. BAILLIÈRE,

LIBRAIRE DE L'ACADÉMIE ROYALE DE MÉDECINE,

RUE DE L'ÉCOLE DE MÉDECINE, N. 17.

BOURBONNE,

LIBRAIRIE DE LECLERT, A L'ÉTABLISSEMENT

PLACE DE LA FONTAINE. THERMAL.

1844.

AVANT-PROPOS.

Mon séjour à Bourbonne depuis douze années, et ma position de médecin inspecteur-adjoint, m'ayant donné la facilité de faire de nombreuses observations médicales sur l'emploi de ses Eaux, et les divers cas dans lesquels on peut en faire usage avec succès, j'ai cru devoir publier cet opuscule que je divise en deux parties.

La première est un exposé simple et succinct de la situation topographique et du climat de cette ville, de la dénomination et de l'histoire de ses sources thermales, des propriétés physiques, chimiques et thérapeutiques de ses Eaux. La deuxième partie renferme des observations médicales; enfin il ne sera question ici que de ce qui se rapporte spécialement aux Eaux, et de ce qu'il est véritablement utile de connaître.

INTRODUCTION.

Parmi les innombrables sources d'Eaux thermales qui jaillissent à la surface du globe, celles de Bourbonne-les-Bains occupent un des premiers rangs. Ce rang, elles le doivent à leurs qualités, et non à la mode et à la spéculation. Elles jouissent de propriétés si efficaces, si généralement reconnues, qu'elles peuvent se passer d'éloges. Ce n'est point un de ces remèdes éphémères qu'il faut se hâter d'employer pendant qu'ils guérissent encore, comme le disait fort spirituellement un célèbre professeur de certains médicamens prônés avec éclat. Leur usage, sanctionné par au

moins vingt siècles d'expériences non interrom-
pues, est prescrit par les praticiens les plus distingués, dans un grand nombre d'affections qui
font le désespoir de la médecine ordinaire. Cependant, malgré les services qu'elles rendent à la
thérapeutique, dans le traitement des maladies
chroniques, malgré les nombreuses cures qu'elles
font chaque année, elles sont exposées à la cri-
tique de médecins qui manquant de preuves per-
sonnelles, contestent leur action salutaire, et ne
veulent pas les prescrire à leurs malades; ou
qui, encore, sous l'empire de préjugés absur-
des, enfantés par des faits dénaturés ou dus à la
mauvaise direction de leur emploi, éprouvent
une crainte imaginaire, et refusent d'indiquer ce
moyen de guérison souvent le seul utile à leurs
malades. La plupart des auteurs qui ont écrit
contre les Eaux, et leurs propriétés spéciales, loin
de s'en rapporter à l'exemple donné par leurs con-

frères qui avaient expérimenté, n'ont prêté nulle attention aux observations médicales les plus complètes. Ils ont bien vu les résultats heureux de l'emploi de nos sources dans des maladies fort graves ; mais disposés à repousser les faits eux-mêmes, lorsque l'explication leur paraissait fausse, ils se sont attachés à détruire de faibles hypothèses, basées sur l'électricité, un calorique spécial, etc., pour refuser aux Eaux toute espèce de vertus particulières, et ne leur accorder que des propriétés communes à l'eau simple ou aux Eaux artificielles. Ils n'ont pas vu que s'appuyer sur une vaine théorie, c'était, en médecine, vouloir se fourvoyer, se tromper soi-même avec intention ; ils n'ont pas reconnu que la pratique, non pas cette pratique routinière qui n'observe point, qui ne raisonne jamais, mais bien celle qui sait profiter de ses revers, comme de ses succès, devait être notre guide dans les prescriptions des moyens thérapeutiques, dans le traitement des maladies.

Les objections des détracteurs tombent d'elles-mêmes, lorsqu'on remarque que le plus grand nombre parlent d'un remède qu'ils ne connaissent point, puisqu'ils n'en prescrivent jamais l'usage, et que tous les malades traités par les Eaux suivent les conseils de praticiens éclairés et les plus célèbres. Pour ces derniers, les Eaux sont le meilleur moyen à opposer aux maladies chroniques; ils sont là pour témoigner en faveur de tous les services rendus par elles à leurs cliens désespérés. Leur longue pratique dans cette occasion ne permet guère de douter de la justesse de leur opinion. S'ils n'avaient pas obtenu de brillans succès de leur prescription, ils n'enverraient pas chaque année leurs malades, quelquefois peu aisés, s'exposer à perdre leur temps, à dépenser leur argent dans des pays éloi-

gnés, où, privés de leurs habitudes, de leurs affections de famille, ils ne trouvent souvent ni dis-
traction, ni plaisirs. Ils sont trop probes, trop
honorables pour agir ainsi sans conviction, et ils
n'exposeraient pas bénévolement leur réputation
d'excellens médecins, en ordonnant un moyen
de guérison dont ils n'auraient pas retiré de
grands avantages. Mais désireux de guérir, ils
savent fort bien qu'ils ne doivent pas négliger un
moyen qui sera prescrit certainement par le
premier médecin éclairé, auquel leurs malades
s'adresseront dans l'intention d'obtenir un soulagement à leurs souffrances.

PREMIÈRE PARTIE.

Bourbonne-les-Bains est situé à l'extrémité du département de la Haute-Marne, sur les confins des Vosges et de la Haute-Saône, à 35 myriamètres de Paris, 9 de Besançon, 10 de Dijon et de Nancy, 8 d'Epinal, 5 de Vesoul, 5 de Chaumont. Construit sur le calcaire muschelkalck, il est environné de montagnes qui appartiennent au terrain keupérien. A 7 kilomètres commencent de larges bandes de grès bigarrés, et à 10 kilomètres, à Châtillon, se trouve une roche granitique.

Notre ville, d'une population de près de 4,000 âmes, est le chef-lieu d'un canton et d'un arrondissement électoral.

Moins élevé que l'ancienne contrée désignée sous le nom de Bassigny, au pied oriental de laquelle il est placé, Bourbonne est bâti sur le plateau et les versans d'une colline qui s'avance comme un promontoire sur une petite prairie arrosée par la rivière de l'Apance.

Cette ville offre un charmant aspect, vue des hauteurs qui l'entourent. De là on embrasse d'un seul coup-d'œil la ville entière; on découvre à la fois le château et ses jolis jardins, le moulin, le prieuré, l'établissement des bains civils, les longs bâtimens de l'hôpital militaire, etc., etc. Au milieu de tous ces édifices se font remarquer l'église et sa tour surmontée de son immense et gracieuse flèche en bois, dominant tout le pays. Si vous ajoutez à ce tableau la prairie traversée par la rivière, les promenades, les montagnes des Vosges et du Bassigny aperçues dans le lointain, les accidens de terrains, les nombreux arbres de diverses espèces répandus çà et là ou groupés au milieu de tous ces sites variés, vous avez sinon une vue pittoresque, du moins un ravissant aspect qui charme toujours les étrangers venant chercher la santé dans nos sources salutaires.

N'oublions pas de dire un mot des belles routes qui aboutissent à Bourbonne, des délicieuses vallées qui l'environnent, des jolies promenades dont il est orné et qui contribuent aux agrémens des baigneurs.

La promenade la plus vaste et la plus remarquable est celle de Montmorency dont les beaux
dessins couvrent un espace d'environ deux hec-
tares et demi. La plus fréquentée est celle d'Or-
feuil dont la société choisie a fait son *Prado*
pendant la saison des Eaux. Cette dernière
avait été plantée primitivement en 1770 par un
intendant de Champagne qui lui donna son nom,
mais la plupart des arbres ayant péri par excès
d'humidité, le maire actuel (1) les fit arracher en
1834 et planter sur de nouveaux dessins après
avoir eu soin de faire élever et niveler le sol.

La ville possède encore plusieurs petites promenades : celle de la place de l'Hôtel-de-Ville,
d'où l'on a une vue charmante sur les quartiers
de la ville basse, sur le fertile et riant vallon de
Montlétang, les jardins de l'établissement civil
des bains et plusieurs autres lieux qui tous sont
fréquentés avec plaisir par les malades.

Bourbonne et ses environs ne connaissent pas,
il est vrai, les avantages de certains pays d'Eaux

---

(1) **M.** Renard dont l'amour du bien public et le désin-
téressement ont doté Bourbonne de la plupart de ses em-
bellissemens, et dont la sollicitude active et bien entendue,
contribue chaque jour à sa croissante prospérité.

I.

des Vosges et des Pyrénées. Ils n'offrent point aux regards du voyageur étonné, des monts sourcilleux dont la cime se perd dans les nuages, les nombreuses déchirures d'un sol tourmenté par d'épouvantables cataclysmes, des forêts suspendues, des torrens mugissans menaçant de tout engloutir, de violens orages qui effraient les malades, ni toutes les belles horreurs d'une sauvage nature, qu'on estime peut-être beaucoup quand on possède une santé de fer et de bonnes jambes, mais qu'on recherche peu quand on est faible ou gravement malade.

En revanche, l'heureuse position de cette ville sous une zone très tempérée, la chaleur douce qui y règne pendant l'été, et dont la moyenne pendant la saison des bains, ne s'élève pas à plus de 19° 50 thermomètre centigrade, l'absence de brouillards, le peu de fréquence des orages qui n'y sont jamais très violens, sont des avantages que le bon médecin désire et apprécie beaucoup pour ses malades dont le bien-être et la santé l'intéressent toujours. Notre pays est vraiment fait exprès pour des baigneurs souffrans. Point de ces températures glacées le matin et le soir, et brûlantes pendant la journée. L'air salubre qu'on y respire, l'absence de maladies endémiques, la rareté des affections épidémiques, les vents faibles qui y règnent, le peu de variations subites dans la colonne barométrique, dans les instrumens hygrométriques et beaucoup d'autres conditions de l'atmosphère qui sont le privilége d'une contrée couverte de montagnes peu élevées, n'empêchant point le renouvellement de l'air, sont autant de garanties d'améliorations et de cure complète d'affections aussi graves que celles traitées aux Eaux thermales de Bourbonne.

Une autre circonstance rend le séjour de cette petite ville plus avantageux pour les baigneurs que celui de beaucoup d'autres localités. La mauvaise saison se termine plus vite et arrive plus tard que dans les pays de hautes montagnes telles que les Vosges, et laisse aux malades qui souvent ne peuvent disposer que de certaines époques pour se rendre aux Eaux, plus de facilité pour choisir leur temps et prolonger leur traitement.

Sans cependant être un lieu de délices et de plaisirs, un *Eldorado*, sans offrir tous les agrémens d'Eaux thermales tels que Bade, etc., la ville de Bourbonne a des appartemens sains, propres, bien aérés, dans lesquels il n'existe point d'humidité, seule cause souvent du peu d'avantage que les malades retirent de l'emploi des Eaux. Le baigneur, lorsqu'il n'est pas trop

exigeant, peut y passer les journées agréable-
ment et à peu de frais.

Le jardin des bains, d'où l'on a une vue charmante sur la ville, offre ses belles allées sablées
au malade qui veut chercher des distractions
dans la promenade. S'il préfère les jeux d'exercices, la lecture ou les plaisirs de la conversation,
il trouve dans l'intérieur même de l'établissement
une salle de billard, un salon de lecture pour les
journaux, un salon de réunion où l'on donne des
bals une fois par semaine et même plus souvent
si les baigneurs le désirent. La modicité du prix
d'abonnement et d'entrée aux bals indique que
ce n'est point par motif de spéculation qu'ont été
établis ces lieux de réunion, mais dans le seul
but de faire de notre ville un séjour agréable
pour les malades.

L'origine de Bourbonne date des temps les plus
reculés et l'on ne peut faire sur elle que des con-
jectures. Il est bien probable cependant que les
anciens Gaulois connaissaient ces thermes thermales et leurs vertus curatives. Cette opinion est
celle de plusieurs auteurs (1) qui s'appuient pour

(1) Chevalier, ancien médecin à Bourbonne et M. Renard.

là motiver sur le genre de constructions et la profondeur des travaux des sources découvertes à
différentes fois.

S'il subsiste quelque incertitude sur ce sujet,
si l'on ne connaît pas l'époque à laquelle a com-
mencé la fréquentation des Eaux sur lesquelles
nous écrivons, il n'en est pas de même des travaux construits par les Romains. Les monumens
les plus authentiques, les inscriptions votives
trouvées sur les lieux, les restes d'édifices ren-
contrés de temps à autre dans les environs et
sur les lieux mêmes où surgissent les Eaux,
prouvent d'une manière irrécusable qu'elles furent connues de ce dernier peuple vers le commencement de l'ère chrétienne. En effet, pendant leur occupation des Gaules, les Romains
faisant un grand usage de bains chauds, devaient nécessairement fixer leur attention sur
ces sources jouissant de propriétés énergiques,
pour rétablir la santé de leurs guerriers bles-
sés; aussi ne les négligèrent-ils pas. Et peut-être
encore, mus par cette idée que pour dominer
une nation, établir leur puissance d'une manière stable, il fallait frapper les yeux des peu-
ples vaincus, par des monumens durables, et
persuader qu'ils prenaient possession pour toujours des pays que leurs armes avaient envahis, ils

firent des travaux considérables, creusèrent des canaux, établirent des conduits, afin d'empêcher leur mélange avec les eaux pluviales, éloigner et refroidir ces Eaux trop chaudes pour être prises en bain immédiatement à leur sortie de terre.

C'est une croyance assez générale que ce n'est qu'à dater de l'époque de ces différentes constructions, que Bourbonne, alors composé de cabanes, devint célèbre par ses Eaux thermales et commença à exister comme ville ou comme camp romain ; et quoique la carte de Peutinger n'indique pas formellement les Eaux de Bourbonne, ne fasse nullement mention d'une ville d'origine romaine de ce nom, on ne peut cependant douter de son existence sous la domination de ce peuple. De nombreuses découvertes semblent prouver ce fait ; et d'Anville, dont le travail sur les antiquités (1) est si consciencieux, n'est pas loin de l'affirmer. Si aucun auteur latin ne parle de Bourbonne, il ne faut attribuer ce silence qu'au manque de faits importans passés dans notre pays et ses environs.

Jusqu'en 612, on ne parle nulle part de Bourbonne, du moins sous cette dénomination. Quelques écrivains croient que le plus ancien docu-

(1) Voir Berger de Xivrey.

ment écrit sur son existence se trouve dans Aymoin. Cet auteur fait mention de la fondation d'un château-fort bâtie vers ce temps-là. « Lorsque Thierry, roi de Bourgogne, dit-il, alla faire la guerre à Théodebert, roi d'Austrasie, il passa par un château du nom de *Vernona* qu'on commençait à bâtir. »

Ce n'est qu'à dater de l'année 1112 que les souvenirs historiques deviennent plus nombreux. Ils se rattachent à ceux du Bassigny, de Coiffy, d'Aigremont, se retrouvent dans les chartes des communes et des établissemens religieux, dans les actes des nombreuses donations faites aux abbayes des environs, par les seigneurs de Bourbonne (1).

On posséderait probablement un grand nombre de documens sur Bourbonne, si l'incendie, qui détruisit entièrement la ville en 1717, n'avait pas fait disparaître une grande quantité d'ar-

(1) Dans une charte accordée le 9 mars 1205 aux habitans de Bourbonne, par la dame Vuillaume, épouse d'un sire de Trischatel, il est fait mention des Bains donnés à bail. Cette charte est fort curieuse et on la trouve transcrite tout au long à la fin de l'ouvrage de M. Berger de Xivrey (intitulée *Lettre,* etc.), dont le génie d'investigation et les nombreuses connaissances en archéologie, ont su débrouiller avec une lucidité remarquable du chaos historique de notre contrée, tout ce qui concerne l'histoire de Bourbonne.

chives relatives à l'histoire de ce pays et de ses Eaux thermales. Il nous reste plusieurs récits de ce désastre; l'un fait par le curé du temps, est en vers latins, l'autre est aussi d'un témoin du sinistre; on le lit dans un petit écrit intitulé: *Traité des propriétez et vertus des eaux minérales, Boues, etc., composé par Nicolas Juy, médecin chimiste, demeurant à Bourbonne, 1728.*

Sous le rapport archéologique, notre ville n'a rien à envier aux autres localités à sources thermales. Parmi le grand nombre d'antiquités, telles que statues, vases, pierres tumulaires, médailles, inscriptions, etc., il en est de fort remarquables que nous ne pouvons passer sous silence, car elles sont une preuve de l'efficacité de nos Eaux et des cures qu'elles opéraient déjà il y a près de deux mille ans.

Ces monumens, précieux pour nos bains (car peu d'établissemens thermaux pourraient produire d'aussi beaux titres de noblesse), sont deux inscriptions (1) votives, justes tributs de la reconnaissance de malades guéris, au dieu qui présidait aux Eaux de Bourbonne.

(1) Voir les planches dans l'ouvrage de M. Berger de Xivrey.

La plus anciennement découverte paraît être connue depuis environ trois siècles ; elle se trouve actuellement dans l'intérieur de la buvette, où elle fut placée, lors de la construction de ce petit édifice, en 1763. Antérieurement à cette époque, la pierre sur laquelle elle est tracée, faisait partie d'un des murs du château.

Cette inscription dont voici le texte :

BORVONI·TA
MONAE·C·IA
TINIUS·RO
MANUS·IN
G·PROSALUT
E COCILLAE
FIL·EX·VOTO

a exercé la plume d'un grand nombre d'archéologues et doit être selon M. Berger de Xivrey, traduite ainsi :

« Caïus Iatinius Romanus Ingenuus, s'est acquitté de son vœu envers Borvo et Daihon pour la santé de sa fille Cocilia. »

Cette interprétation paraît très vraisemblablement la meilleure, quoique le plus grand nombre veuille l'expliquer de cette manière, « venu dans la Gaule pour le salut de sa fille Cocilia. »

Si les archéologues n'ont pas toujours été d'accord sur le sens de cette inscription qui peut présenter quelque obscurité, il n'en est pas de même de celle qui a été trouvée, le 6 janvier 1833, dans les décombres des maisons incendiées quelques semaines auparavant.

DEO·APOL
LINI·BORVoN
ET·DAMONAE
C·DAMINIUS
FEROX·CIVIS
LINGONUS·EX
VOTO.

Cette dernière, dont M. Renard a fait l'acquisition, est gravée sur un morceau de beau marbre blanc, présentant les dimensions suivantes : $0^m,16$ de hauteur, $0^m,12$ de largeur et $0^m,02$ d'épaisseur. Les caractères bien formés de cette dernière ont facilité l'explication de la première, dont les lettres usées et mal gravées ont rendu long-temps l'interprétation difficile.

On a supposé que ces inscriptions étaient enchâssées dans le milieu de la partie antérieure d'un autel dont l'érection était l'accomplissement d'un vœu mentionné dans l'inscription. Je crois préférablement qu'elles n'étaient que le témoignage de la reconnaissance, ou l'attestation d'un vœu rempli, tel qu'un don fait au temple, un sacrifice offert à la divinité qui présidait aux Eaux; et ce qui me dispose à penser ainsi, c'est que chaque fois que l'on a creusé près de la source pour faire des constructions, on a trouvé une grande quantité de cornes de bœufs.

Les sources thermales de Bourbonne sont situées dans le vallon sud de la ville, et au nombre de trois. La source du Puisard, la Fontaine chaude et la source de l'Hôpital militaire.

Le *Puisard*, aussi nommé la *Grande source* à cause de son abondance, est placé dans l'intérieur même de l'établissement civil dont elle alimente les bains et les douches. On a évalué la quantité d'eau enlevée au fur et à mesure qu'elle arrivait dans le bassin, à 2,500 hectolitres dans les vingt-quatre heures, et à un peu moins de 2,000 hectolitres lorsqu'elle sortait naturellement du puits. La tradition rapporte que cette quantité d'eau était jadis beaucoup plus considérable, mais que les attérissemens successifs formés dans la vallée, ayant forcé d'élever le puisard, l'eau ne sortit plus avec autant d'abondance.

En 1782, on découvrit, lorsqu'on creusa sur la source pour réparer l'édifice des Bains, qu'elle jaillissait dans une chambre voûtée. Cette chambre, située à 15 mètres de profondeur, renfermait encore un autel et quelques instrumens servant aux sacrifices, des cornes pétrifiées d'une

grosseur immense, qui ont appartenu à une espèce de bœuf dont la race a disparu du pays
depuis long-temps. De cette chambre qui servait
de puisard, partaient des canaux et des tubes en
plomb qui avaient été construits par les Romains
pour faciliter l'emploi des sources.

La *Fontaine chaude* appelée *la Matrelle*, ou
Source de Saint-Antoine, jaillit sur la place; ren-
fermée, depuis 1763, dans un petit bâtiment
en forme de temple, elle a reçu le nom de *Fontaine chaude*, quoique sa température ne soit
pas plus élevée que celle de la précédente, pour
la distinguer d'une source d'eau commune qui
coule à quelques pas de là.

Elle sort de terre à 20 mètres environ de distance de celle du grand puisard dont elle paraît
être une ramification, car elle prend le même
niveau toutes les fois que l'on élève l'Eau de cette
dernière pour le service de l'établissement. Elle
est destinée à alimenter la buvette des bains civils et de l'hôpital militaire.

La source de l'hôpital militaire portait le
nom de *Bain Patrice*, avant la construction de
cet édifice, tel qu'il est actuellement; ses Eaux,
peu abondantes, mélangées avec l'eau du ruis-
seau de la rue, salies par les boues, étaient tout-
à-fait impropres à l'usage de l'hôpital.

En 1788 on fit des fouilles pour recueillir les
faibles filets d'eau qui l'alimentaient. Arrivé à
une profondeur de 5 à 6 mètres, on trouva de
petits bassins et un aqueduc de 1 mètre 20 centimètres de hauteur que l'on mit à découvert sur
une longueur de 15 mètres. Cet aqueduc re-
posait sur un grillage en bois et présentait quatre
petites chambres de 1 mètre 20 centimètres, placées de distance en distance. Il existait, au centre
de ces petits puits construits en pierres de taille,
des conduits de plomb d'un diamètre de 11 centimètres, et ayant une direction perpendiculaire.
Ces tubes, obstrués par du limon et quelques
débris de végétaux, furent vidés avec une sonde
douce propre à l'usage que l'on en attendait.
Lorsque la sonde fut descendue à 5 mètres de
profondeur, les Eaux s'élancèrent tout-à-coup
en jets continus et très élevés. L'ingénieur chargé
de la direction de ces travaux, ayant remarqué
que chacun de ces tubes était alimenté par le
même canal souterrain, que la quantité d'eau
était à-peu-près la même lorsqu'un seul ou plusieurs coulaient, n'en laissa libres que trois dont
il conduisit les Eaux dans un grand puisard
construit pour faciliter le service de l'hôpital.
Tous ces différens travaux trouvés à une aussi
grande profondeur, et que quelques auteurs ont

cru avoir été construits dans le principe au niveau du sol, viennent confirmer l'idée des soins et des précautions que les Romains prenaient pour recueillir les Eaux thermales.

Cette source, d'après le calcul de M. de Charmoy, capitaine du génie, donne douze cents hectolitres par jour. Elle suffit à peine aux besoins du service de l'hôpital militaire qui reçoit chaque année quatre à cinq cents baigneurs.

On voit encore dans le voisinage de ces trois sources plusieurs petits filets, dont la température est moins élevée, et les principes minéralisateurs moins abondans; ils ne sont probablement que des fuites des principales sources. La faible quantité d'eau qu'ils fournissent les a fait dédaigner comme trop peu importans.

Ayant fait, en 1838, une série de vingt expériences sur la température de chaque source pendant que les puisards étaient remplis depuis plusieurs mois, j'ai obtenu les moyennes suivantes :

> Puisard de l'établissement civil. 57° 5o
> Fontaine de la place. . . . . 58° 5o
> Source de l'hospice militaire . 48°

Si l'on descend le thermomètre dans les réservoirs pendant qu'ils sont épuisés presque complétement, la température est un peu plus élevée. Elle l'est moins au moment où le puisard vient de se remplir. Ces différences qui peuvent être de plusieurs degrés dépendent du refroidissement des parois du puisard.

Les saisons sont sans influence sur la température et la quantité des Eaux, tandis que les variations de la pression atmosphérique déterminent toujours du changement dans l'une et dans l'autre. Ainsi pendant les orages, lorsque la colonne barométrique s'abaisse, la pression diminue, et les Eaux arrivent plus promptement et plus chaudes à la surface de la terre. J'ai vu la température de la fontaine de la place s'élever, en une semblable circonstance, assez brusquement, de 1 degré 25.

On a regardé long-temps comme certain que le calorique des Eaux n'était pas le même que celui obtenu par les procédés ordinaires. Le savant qui donna le plus de crédit à cette erreur, est M. Fodéré; il y a calorique et calorique, disait-il, etc. Suivant lui et les divers écrivains qui regardaient le calorique des Eaux comme spécial, les Eaux thermales étaient moins brûlantes, possédaient une plus grande capacité pour le calorique, et mettaient plus de temps à se refroidir, toutes choses égales d'ailleurs, que l'eau commune élevée à la même température. Mais il a été reconnu qu'ils étayaient leur opinion sur des faits mal observés ou mal interprétés. MM. Lonchamps, Anglada, Chevallier, après un grand nombre d'expériences, vinrent détruire ces erreurs et ces préjugés, et actuellement personne n'ignore que les Eaux thermales subissent les mêmes lois que l'eau commune dans leur chaleur et leur refroidissement. J'ai fait et répété dix fois ces expériences, et j'ai toujours obtenu les mêmes résultats (1).

Nous avons dit plus haut que l'abondance des Eaux était en raison de leur hauteur décroissante dans les puisards. J'ai remarqué, d'après les expériences que j'ai faites, que si le puisard était rempli, la source donnait une quantité d'Eau qui augmentait d'une manière progressive chaque fois qu'on épuisait d'un décimètre; quan-

---

(1) Tous les savans s'accordent maintenant à reconnaître le feu interne de notre globe comme seule cause de la chaleur des Eaux thermales.

Depuis le forage du puits de Grenelle, on a si souvent parlé de la chaleur interne comme cause des volcans et des Eaux thermales, cette hypothèse est devenue si populaire, que j'ai cru devoir m'abstenir de la développer, quelque intéressante qu'elle soit.

tité, suivant M. Hérault, qui varie en raison des ordonnées tracées sur l'axe de la courbe parabolique, tandis que les sources d'eaux froides surgissent en raison des ordonnées d'un triangle. On observe encore, tout en tenant compte de la pression par la colonne d'eau, que l'ascension est plus lente qu'elle ne devrait l'être, pendant que le puisard se remplit, que lorsqu'il est complétement plein. On peut se rendre compte de ce phénomène en supposant qu'il se trouve des infiltrations au-dessous et autour du puisard avec lequel elles communiquent. En effet, si celui-ci est vide, en vertu de la loi de l'équilibre des liquides, l'eau, ayant à remplir à-la-fois le puisard et les fissures, s'élèvera plus lentement dans le premier. Le puisard plein, les fissures le seront aussi, et la source n'ayant plus à fournir deux quantités, l'eau qui s'écoulera sera plus abondante que pendant l'ascension dans le puisard.

Toutes les ruines que l'on découvre de temps à autre indiquent bien l'existence de Thermes construits par les Romains, mais on ignore quelles étaient leur forme et leurs dimensions. Cependant l'importance des travaux qui res-

tent encore me donne lieu de penser qu'ils devaient avoir alors quelque magnificence, et l'on
ne pourrait pas en dire autant de cet établissement
à une époque plus rapprochée de nous. Lorsque
le christianisme, après la chute de l'empire Romain, proscrivit le libertinage qui s'était glissé
dans les établissemens de bains publics, Bourbonne subit le même sort que les autres sources
thermales. Ses édifices furent négligés et tom-
bèrent en ruine, et là où coulait une Eau thermale limpide, on ne vit plus que des boues,
moins salutaires peut-être, mais qui n'en produi-
saient pas moins encore de belles cures.

C'est alors que notre ville acquit son nom ;
elle fut nommée Bourbonne, de deux mots grecs
Βορβορος et ονειος, d'où l'on a fait Βορβονειος, boues
utiles (1).

Au rapport de Jean-le-Bon, d'Autreville, les

(1) On a beaucoup discuté sur l'étymologie du mot Bourbonne ; quelques auteurs lui donnent une origine celtique,
ils le font dériver de deux mots *ver*, *ber*, fort chaud ; *vona*,
fontaine ; mais malheureusement rien ne prouve que ces
mots aient fait partie de cette langue, comme l'a clairement
démontré M. Berger de Xivrey, qui a adopté l'étymologie
de Gruter : ce dernier tire le mot Bourbonne de βορβορος,
bourbe et de *bonne*. Cette étymologie ne s'éloigne pas beaucoup de celle que nous donnons.

Bains, en 1590, consistaient en un grand bassin pouvant contenir au moins cent personnes, et dans lequel les malades se baignaient, *nuds riches ou pauvres;* mais bientôt l'ordonnance de Henri IV vint, en 1600, réformer cet abus et un grand nombre d'autres auxquels était soumise en France l'administration des Eaux thermales.

En 1763, on construisit des bains dont il ne reste plus aujourd'hui que le petit temple situé sur la place et qui sert de buvette. Ce n'est qu'en 1783 que les édifices commencèrent à prendre quelques développemens. A cette époque M. Davaux fit agrandir le puisard, construire des cabinets de bains et de douches. Malgré cela les étrangers aisés continuèrent à prendre des bains dans les maisons des habitans chez lesquels ils logaient. C'est à dater de 1812 que cette coutume cessa, alors que le nombre de cabinets de bains et de douches devint suffisant par suite des agrandissemens qu'on fit à l'établissement.

Des constructions faites en 1812, il reste encore la partie antérieure que l'on appelle le vieux bain. Celui-ci est bâti en pierres de taille et offre une entrée précédée d'un péristyle embelli de quatre colonnes d'ordre toscan. Chacune d'elles est faite d'un seul bloc. Ces monolithes assez remarquables, ont près de 4 mètres d'élévation et proviennent des carrières du pays (1).

Le bâtiment destiné aux hommes est composé d'un rez-de-chaussée et d'un étage. Il se prolonge sur une largeur d'environ 40 mètres, et renferme 39 cabinets de bains dont plusieurs à deux baignoires, et 12 cabinets de douches. Il existe encore dans cette partie de l'établissement deux cabinets d'étuves situés sur le puisard (2).

Afin d'augmenter l'établissement, qui devenait de plus en plus insuffisant pour l'affluence des malades, on construisit, en 1838, un bâtiment plus élevé et plus vaste sur les derrières de l'ancien édifice, de manière à former avec celui-ci un parallélogramme. Les cabinets de ce nouveau

(1) Les carrières de Châtillon ouvertes dans le grès bigarré, situées à 10 kilomètres de Bourbonne.

(2) Dans le plus grand nombre de cas, les bains en baignoires sont plus utiles que les bains en bassins. Sans parler de l'indécence de ces derniers, où les deux sexes sont entassés pêle-mêle, on en sort toujours le corps imprégné de l'odeur, des sécrétions et des urines des autres malades. Malgré les inconvéniens que nous venons de signaler, cette manière de se baigner peut sans doute être agréable aux personnes qui prennent des bains pour leur plaisir, ou ne suivent pas de traitement régulier; au milieu d'un tumulte

Bain, auquel on a donné le nom de *Bain des dames*, sont au nombre de trente-trois. Propres, assez vastes, très bien éclairés et plus commodes que les anciens, ils s'ouvrent tous sur un large vestibule à l'extrémité duquel se trouvent des cabinets de douches. L'aile gauche renferme les salons de réunion qui se composent d'une salle de billard, d'un salon de lecture et d'un grand salon où se donnent les bals. Ce dernier, décoré d'arabesques peintes sur pierres, est garni d'un ameublement complet. L'aile droite contient les piscines et les cabinets de douches réservés aux indigens et aux personnes peu riches.

D'ici à deux ou trois ans le vieux bain sera reconstruit, suivant la promesse qui en a été faite par le gouvernement, sur les plans des bâtimens neufs; alors l'établissement de Bourbonne

causé par quarante à cinquante personnes, on rit, on chante, on se pousse, etc.; tout cela n'est pas sans charme. Mais la baignoire possède d'autres avantages; là, chaque malade a de l'eau minérale chaude et froide à sa disposition; le médecin peut prescrire toutes les températures comprises entre 15° et 40°. Il peut rendre le bain tempérant, résolutif, ou excitant: ordonner le degré le plus convenable à la constitution, à la maladie, et procurer au malade un retour à la santé que celui-ci ne doit pas attendre des Eaux thermales qui n'ont pas été prises d'une manière rationnelle.

sera complet et magnifique ; son style sévère en fera un véritable monument public, qui dans son genre ne laissera rien à désirer.

L'établissement est en régie, et appartient à l'état.

Il est sous la surveillance spéciale du préfet de la Haute-Marne.

Le personnel se compose :

1° D'un médecin inspecteur et d'un médecin adjoint, chargés de tout ce qui concerne la santé publique ;

2° D'un régisseur et de deux commis ;

3° D'un nombre de servans des deux sexes suffisant aux besoins de l'établissement.

Les Eaux de toutes les sources thermales de Bourbonne jouissent des mêmes propriétés physiques et chimiques, la température exceptée.

Elles sont incolores, et d'une très grande limpidité. Quoique refroidies depuis long-temps, elles ne forment de dépôt que par l'évaporation. La première partie qui se dépose est du sulfate de chaux.

Quelques personnes croient reconnaître à l'Eau de nos sources une légère odeur de *soufre* (acide sulfhydrique), sans qu'elles présentent cependant à l'analyse la plus exacte un seul atome de ce gaz. Pour moi, je n'ai jamais perçu que l'odeur de vapeur chaude. Les cabinets et le grand puisard répandent, il est vrai, une odeur d'eau chaude ayant été long-temps en contact avec le bois : c'est probablement cette raison qui en a imposé aux personnes qui croient percevoir des exhalaisons d'hydrogène sulfuré.

Leur saveur est salée, et a quelque analogie avec du bouillon de veau léger. Lorsqu'on fait glisser l'un contre l'autre les doigts imprégnés d'Eau de Bourbonne, on perçoit d'abord une légère impression douce, savonneuse, qui est due à l'action des sels alcalins, et qui disparaît bientôt pour faire place à une sensation de contraction, de rigidité semblable à celui que fait éprouver une solution de sel marin.

Nos Eaux sont composées de sels et de gaz comme le prouvent les nombreuses analyses qui en ont été faites. La plus ancienne est celle d'Habert, rapportée en ces termes par Réné-Charles : « M. Habert, très versé dans la chimie, a observé en 1737, que chaque livre d'eau évaporée au soleil, fournissait 60 grains d'un vrai sel marin, 12 à 13 grains de sélénite,

4 grains environ d'une terre alcaline et un peu de sel de Glauber. » Cette analyse est remarquable en ce qu'elle fait mention d'un sel alcalin, qui ne peut être que le carbonate de soude, et d'un sulfate de soude ; deux principes dont les chimistes distingués qui se sont occupés de nos Eaux à une époque très récente n'ont point, jusqu'à M. Chevallier, constaté l'existence. Ce dernier savant a trouvé le premier de ces sels dans l'Eau elle-même, et le second sur les parois du puisard.

L'analyse des Eaux a encore été faite en 1808, par MM. Bosc et Bezu, qui y reconnurent l'existence de l'hydrochlorate de chaux (chlorhydrate de chaux); en 1822, par M. Athénas, qui y signala le chlorure de magnésium, le sulfate de magnésie et du carbonate de fer. Ce fut en 1827, que M. Desfosses découvrit la présence d'un brômure alcalin.

Les Eaux de Bourbonne contiennent aussi quelques gaz. Le premier chimiste qui ait constaté leur présence, est M. Athénas. Selon lui, ils étaient composés d'azote, d'acide carbonique et d'oxygène. Cependant, M. Chevallier n'a trouvé que de l'azote, et pas un seul atome des deux autres fluides. La quantité de gaz que donnent les sources varie suivant la pression de la colonne atmosphérique ; on a remarqué que le dégagement était beaucoup plus considérable pendant un temps d'orage.

M. Vauquelin en a fait une analyse dont voici le résultat : 100 parties évaporées ont donné un résidu composé de :

Matières animales et végétales . . . 15,40
Silice. 64,40
Fer oxydé 5,80
Chaux. 6,80
Magnésie. 1,00
Alumine. 2,00

Il existe encore dans ces boues une quantité de chlorhydrate de soude dont cette analyse ne fait pas mention.

ANALYSE DE MM. CHEVALLIER ET BASTIEN.

« L'eau de Bourbonne, évaporée convenablement, laisse un résidu salin, blanchâtre. Ce résidu, qui est considérable, varie ainsi que nous l'avions reconnu en juin et juillet dernier (1). Aussi l'évaporation d'un litre, faite le 17 juin et celle d'un litre faite le 20, ont donné pour résidu : le premier, un résidu pesant 8 grammes 20 centigrammes ; le dernier, 7 grammes 95 cen-

(1) 1833.

tigrammes. Enfin dix litres d'eau soumise à l'évaporation ont fourni 80 grammes 3 décigrammes (1), la moyenne de ces quotités était 8 grammes pour l'époque où nous agissons. Nous avons agi sur cette quantité pour établir la proportion des sels contenus dans cette eau; proportions qui, d'après nous, sont les suivantes pour un litre d'eau :

Brômure alcalin	0,050
Chlorure de sodium.	5,00
Chlorure de calcium	0,740
Carbonate de chaux.	0,287
Sulfate de chaux	0,783
Perte.	0,135
Total	8,000

« Outre les substances dont nous avons déterminé le poids, nous avons reconnu dans l'eau de Bourbonne une petite quantité de carbonate de soude, de la potasse, des atomes d'un sel à base d'ammoniaque, des traces d'oxyde de fer et de magnésie; enfin une quantité notable d'une matière animale qui donne aux sels retirés de l'eau de Bourbonne, lorsqu'on les calcine à vase clos, une couleur noire, en même temps qu'il y

____

(1) Une opération faite depuis, par M. Bastien, le 20 juillet, a donné, pour un litre d'eau, 7 grammes.

a dégagement d'une petite quantité d'un produit ayant l'odeur d'empyreume.

« Quant aux gaz signalés par les divers chimistes qui ont agi sur les eaux de Bourbonne, nous n'avons pu les connaître. Le seul gaz que nous ayons pu obtenir de l'eau de Bourbonne est du gaz azote, qu'on peut considérer comme pur. »

Examen d'une matière qui se trouve dans le grand puisard.

« Si, lorsque le puisard est épuisé pour remplir les réservoirs, on examine ses parois, on reconnaît qu'ils sont recouverts d'un couche rugueuse, ayant une apparence de végétation de couleur brune. Une portion de ce dépôt ayant été enlevée à l'aide d'une cuiller de fer, à laquelle on avait adapté un long manche, ce dépôt était alors friable, et par la pression entre les doigts, il présentait une espèce de boue brune. Ce produit, soumis à quelques essais, contenait une matière bitumineuse, soluble dans l'alcool, une matière végétale, animale, de l'oxyde de fer, enfin des traces d'hydrochlorate et de sulfate de soude, une petite quantité d'un sel ammoniacal, des traces de magnésie et de silice. »

*Examen d'une matière qui se trouve dans le puisard
du jardin, près des piscines.*

« En visitant le puisard qui se trouve près des
piscines, nous reconnûmes que les parois de ce
puisard étaient recouvertes d'un matière glai-
reuse, ayant environ deux pouces d'épaisseur,
et présentant une masse de végétations, dont la
couleur variait depuis le blanc gris jusqu'au gris
noirâtre. Cette matière existait en très grande
quantité dans ce puisard ; détachée à l'aide d'une
grande cuiller, elle se brisait facilement ; mise
sur du papier joseph, elle laissait exhaler une
odeur *sui generis*. Desséchée et soumise à la dis-
tillation dans une cornue de verre, elle donne
de l'eau, de l'huile empyreumatique, du carbonate d'ammoniaque, des traces d'hydrocyanate,
d'ammoniaque, enfin une grande quantité de
gaz ; il restait dans la cornue un charbon, qui,
comme les charbons provenant des substances
animales, était difficile à incinérer.

Une portion de cette matière desséchée, et apportée à Paris, a depuis été soumise à quelques
expériences ; jetée sur des charbons ardens, elle
brûle en se racornissant et en répandant d'abord
une odeur de pain brûlé, puis une odeur empy-

reumatique : nous n'avons pas reconnu la moindre odeur de soufre ni d'acide sulfureux.

Une partie de ce produit, débarrassée autant que possible des substances qui l'accompagnaient, et qui étaient en grande partie formées de carbonate de chaux et de sel qui sont dans les eaux de Bourbonne, a été traitée par l'acide nitrique ; elle se dissolvait dans cet acide, en fournissant une dissolution de couleur jaune, qui évaporée et reprise par l'eau, donnait un précipité en grumeaux par le sous-carbonate de potasse. Ce précipité, qui avait une saveur amère, était presque entièrement soluble dans l'alcool ; la partie non soluble provenait de ce qu'une petite quantité de sels terreux qui était restée avec les produits, avait été dissoute par l'acide, puis précipitée par le sous-carbonate alcalin.

D'après tous ces faits, nous pensons que le produit que nous avons examiné était le produit désigné par les noms de matière grasse des eaux minérales, de *Glairine*, de *Barégine*. »

La similitude que les trois sources présentent dans leurs principes, lorsqu'elles sont soumises à l'analyse, ne les fait préférer en rien dans leur emploi médical en bain et en douche, et malgré

leur différence de température, aucune observation clinique n'est venue nous faire croire que
l'on devait choisir l'une plutôt que l'autre dans
certaines maladies, jeter de l'incertitude sur leur
usage sous ces deux formes. Cependant la température élevée de l'Eau de l'établissement civil
la fait préférer pour boisson à celle de l'hospice
militaire : ce qui paraît justifier ce choix, c'est
la remarque faite que, prises à une grande chaleur, les Eaux de Bourbonne étaient d'une assimilation plus facile et se digéraient mieux.

Avant l'année 1505, les bains constituaient à
eux seuls le traitement par les Eaux dont on ne
connaissait pas l'usage en boisson. Voici ce que dit
à ce sujet le premier auteur (1) qui ait écrit sur
nos sources : « Signament, honorable homme,
Claude Vosgien, frère de honnête dame, dame
Hugues Vosgien, de présent, demeurant à Coeffy,
laquelle m'a assuré que son dit frère, attaqué de
coliques néphrétiques, de gravelle, après tous les
remèdes imaginables, expérimenté même l'usage
des eaux de Plombières, ne fut guéri que par la
boisson de nos Eaux de Bourbonne, et ce, en
l'an 1505, qui fut le commencement que nos
eaux furent potables. »

(1) Hubert Jacob.

Ce même médecin indique encore quelle quantité on en buvait de son temps. « On commence à en boire par six, sept, huit ou neuf onces, en augmentant de jour en jour, et suivant que l'estomac en pourra porter pour ne se point débiffer. »

Cette sage recommandation ne fut pas toujours suivie, et l'on vit, un siècle et demi plus tard, Juy et d'autres médecins, entraînés par l'exagération de la médecine humorale, en faire boire à leurs malades jusqu'à la dose de 60 à 80 verres (1); quantité énorme et qui me paraîtrait invraisemblable, si je n'avais pas vu une jeune dame en boire sans nécessité et sans raison 24 verres du poids de 250 grammes chacun, dans l'espace de moins d'une heure, et sans en ressentir le moindre dérangement; cette imprudence ne doit jamais trouver d'imitateurs.

Actuellement les Eaux sont administrées en boisson depuis 6 centilitres à 1 litre 50 centilitres, que le malade prend dans l'espace de trois heures. Prises à l'intérieur, elles ne sont pas désagréables comme certaines Eaux minérales. La

____

(1) Il est probable que le verre dont il parle, est le *mazarin* encore usité dans nos campagnes, et dont la capacité n'est que d'un décilitre 20 centilitres ou 120 grammes.

limpidité et l'absence d'odeur dont elles jouissent les font boire sans dégoût, et on ne les voit jamais être vomies par les malades. Elles sont douées, outre leur vertu spéciale, de propriétés stimulantes; elles excitent légèrement la membrane muqueuse des intestins, augmentent l'appétit; à petites doses, elles déterminent la constipation; à doses plus élevées, elles produisent des évacuations alvines plus ou moins nombreuses et abondantes, et amènent quelquefois une irritation intestinale. Lorsqu'elles ne provoquent pas ce dernier accident, j'ai remarqué que, malgré les chaleurs de l'été les plus vives, et bues à la température élevée de 55 degrés, elles ne causaient point d'altération.

Elles activent quelquefois les fonctions des reins d'une manière remarquable; cette action n'est pas due, comme on pourrait le croire, à la quantité du liquide ingéré. J'ai observé qu'elles faisaient moins suer que l'eau froide ordinaire. J'ai fait souvent sur moi-même des expériences comparatives.

On peut les boire loin de la source comme sur les lieux, car elles peuvent être transportées sans inconvénient. La fixité de leurs principes ne leur permet pas de s'altérer aussi rapidement que le plus grand nombre des Eaux thermales qui,

après plusieurs mois, et même moins, ne res-
semblent plus en rien à ce qu'elles étaient à leur
source. Cette conservation facile doit les faire préférer toutes les fois qu'on n'attend pas des autres de plus grands effets.

Les phénomènes qui se passent dans le bain
et après, ceux qui accompagnent les douches,
sont dignes de toute l'attention du médecin praticien; l'étude de ces deux modes d'administration des Eaux faite en quelques mots, indiquera
l'importance que l'on doit y attacher, et nous
facilitera l'explication de l'action des Eaux.

Comme dans les bains ordinaires, l'action des
bains d'Eaux thermales de Bourbonne n'est pas
constamment la même; elle varie suivant le degré de température plus ou moins élevé.

On nomme *bain froid* celui dont la température a moins de 18°; *bain frais,* celui de 18 à
26°; *bain tempéré,* celui de 26 à 33°; *bain
chaud,* celui dont la température est plus élevée; rarement ce dernier doit avoir plus de 44°.
Cependant il ne faut pas croire que cette clas-
sification soit rigoureuse, le bain qui paraîtra
frais à une personne, sera tiède pour une autre, *et vice versâ.* J'ai donné des soins à une malade chez qui le bain à 40° ne produisait pas

3.

d'autres effets immédiats que ceux éprouvés par la plupart des baigneurs dont le bain était à 32°.

Les principaux phénomènes produits par le calorique d'un bain *chaud*, sont ordinairement le résultat de l'excitation. Pendant le premier moment de l'immersion, le malade éprouve, de même que l'homme en bonne santé, une sensation agréable de chaleur générale à la peau, puis la respiration s'accélère, le cœur bat plus vite, la circulation devient plus rapide, la peau se colore, se tuméfie; les humeurs accélérées, dilatées par la chaleur, tendent à s'échapper par la peau : et ne pouvant le faire rapidement, elles affluent en plus grande quantité vers la tête; alors la face devient vultueuse, se couvre de sueurs; une disposition au sommeil survient, le cerveau se congestionne, et si le bain est prolongé ou sa chaleur élevée, les accidens les plus redoutables sont à craindre. Ces effets du bain chaud ne sont pas les seuls; après le bain la peau est rouge, comme tendue, les sueurs sont générales et des phénomènes consécutifs tels que la courbature et la fatigue ne tardent pas à paraître; le malade est faible, l'excitation provoquée lui donne de la fièvre, du dégoût, de l'inappétence, des douleurs de tête; une exacerbation survient dans la maladie, et le malade est alors souvent *forcé* d'interrompre les bains pendant quelques jours.

Quand la température du bain est de 26 à 33°, on observe rarement de l'oppression; généralement le pouls diminue de vitesse et quelquefois de plénitude; les membres se détendent, les pores s'ouvrent, se dilatent, le cerveau est frais, et l'on éprouve une sensation de bien-être que ne procure jamais le bain chaud. Après ce bain qu'on nomme *tempéré*, sa salutaire influence se prolonge et le corps est dispos pendant le reste de la journée.

Dans le bain *frais*, on ressent un frisson passager, les sens se calment, la circulation se ralentit encore plus que dans le bain tiède. Enfin lorsque le bain est *froid*, le pouls devient petit, concentré, l'oppression extrême et la respiration haletante; la peau se contracte, bientôt il survient un spasme. Toutefois ce bain produit des effets variables, suivant la constitution et la force du malade : l'homme vigoureux sent sa force se doubler, tandis que l'individu faible et débile reste abattu, se réchauffe difficilement, et présente des symptômes alarmans si la réaction se fait long-temps attendre.

(1) Voir l'excellent article de M. Begin sur les bains, dans son ouvrage sur les scrofules.

Ces phénomènes ne sont pas les seuls auxquels les bains donnent naissance ; il en est encore d'autres que nous devons mentionner, car
il est de toute nécessité de les connaître pour
prescrire convenablement les Eaux thermales,
et obtenir tous les avantages possibles de leur
usage. Dans les trois dernières espèces de bain,
il ne se fait aucune évaporation ; les liquides
du corps arrêtés à la peau par la contraction de
ce dernier organe et la pression de l'eau sont
portés sur les reins, et les baigneurs rendent une
quantité d'urines plus considérable dans le bain
que dehors. Dans le bain tempéré, les urines sont
plus abondantes, elles s'augmentent de toute l'eau
absorbée par la peau pendant sa durée. Cependant cette absorption n'est pas communément
aussi forte chez l'homme en bonne santé que
quelques auteurs l'ont avancé ; les expériences
que nous avons faites nous ont donné pour résultat une moyenne de 150 grammes par bain
d'une heure pris à une température de 32° cen-
tigrades. J'ai lieu de croire d'après mes observations, que cette quantité d'eau est plus considérable chez les personnes très maigres ou épuisées
par la maladie et moins forte chez les vieillards.
Dans le bain chaud, l'absorption non-seulement
est nulle, mais j'ai encore remarqué que le poids

du corps subissait une perte variant de 20 à 100 grammes, suivant que le bain était pris à 36° ou à 40° pendant une durée de 20 minutes.

Les bains d'Eau de Bourbonne donnent du ton à la peau et n'affaiblissent point. Ils ont moins que l'eau commune, l'inconvénient de disposer les malades aux affections épidémiques, et à subir l'influence des intempéries des saisons.

Une des formes sous lesquelles s'administrent les Eaux et qui procure les plus puissans effets pendant et après le traitement est la *douche*.

On donne ce nom à une colonne d'eau composée d'un seul ou de plusieurs jets que l'on promène pendant un temps limité sur certaines parties du corps.

On nomme douche en *canal*, celle d'un seul jet et douche en *arrosoir* celle de plusieurs. La douche a encore reçu, suivant la grandeur du diamètre le nom de *canal entier*, *trois quarts de canal*, *demi-canal*, *quart de canal*.

Sa durée est de 20 minutes ; on peut lui donner toutes les températures depuis 15° à 45°.

Les bassins contenant l'eau des douches sont placés dans les combles à 7 mètres du sol. Cette hauteur donne à la colonne d'eau une force suffisante pour tous les cas dans lesquels on doit l'employer.

La douche n'est pas administrée pendant le bain, comme je l'ai vu dans certains établissemens; à Bourbonne elle se prend après. Pour la recevoir, le malade se couche sur un lit formé par une toile fortement tendue sur un châssis. La tête de ce lit est brisée et à charnière, afin de pouvoir être élevée ou abaissée à volonté.

L'établissement de Bourbonne ne possède que des douches jaillissant dans une seule direction, des douches descendantes ou verticales. La quantité de principes que les Eaux renferment ne permet pas d'employer la *douche ascendante* dans les affections intestinales ; les lavemens eux-mêmes donnés à très petite dose provoquent souvent dans les gros intestins une excitation nuisible, et si les maladies du vagin et du col de la matrice nécessitent quelquefois cette espèce de douche, ce dont je doute, on peut toujours la remplacer avec avantage par les injections. La *douche latérale* est rendue inutile par la facilité que le lit offre de mettre le corps du malade dans la position nécessaire pour exposer toutes les parties à l'action de la douche verticale.

Les effets de la douche varient suivant la température de l'eau, la hauteur de la colonne, la direction plus ou moins verticale des tubes, le diamètre de l'ajutage, la quantité d'ouvertures que celui-ci présente et la manière suivant laquelle la douche est administrée. Ses effets immédiats sont de former une dépression, et de déterminer de la pâleur sur le point où elle tombe. Quand elle est légère et que les parties sont saines, elle exerce une pression douce, elle excite les papilles de la peau et procure en général une sensation agréable ; plus forte, la colonne d'eau pétrit, malaxe, et détermine de la douleur, pendant les premiers jours, même lorsque la partie n'est pas malade ; ensuite il arrive, comme sous l'influence des coups, que la sensibilité s'émousse et que le corps se durcit au point de ne plus ressentir la percussion d'une douche d'un gros volume et d'une grande élévation.

La douche agit de deux manières : par le massage, et par la propriété essentielle de l'eau absorbée. Dans la première, elle excite la peau, augmente, accélère la circulation des fluides que parcourent les vaisseaux capillaires des parties frappées. Sa pression et sa percussion doucement égales donnent plus de vigueur et de souplesse aux parties saines, corrigent le mode vicieux de la sensibilité et des fonctions des organes malades. Aussi faut-il accorder à la douche d'être par son action mécanique un aide puissant de la force médicatrice des Eaux; et l'on comprend aisément ce qu'on doit espérer de l'emploi de ces dernières, quand leurs propriétés sont augmentées de toute la vertu d'un pareil moyen. Dans la seconde, son action est la même que celle du bain d'Eau thermale (1), car les pores de la peau absorbent et portent dans le torrent de la circulation les gouttes d'eau dont son jaillissement couvre le corps.

J'ai remarqué dans une série d'expériences faites avec la douche en arrosoir, reçue pendant 20 minutes à une température de 36 degrés, que notre corps absorbait une quantité d'Eaux thermales du poids de 20 à 100 grammes. J'ai observé en outre que l'absorption était plus forte pendant qu'on était à jeun qu'après le repas, lorsqu'on avait chaud, sans cependant être en sueurs, que lorsqu'on éprouvait un léger frisson déterminé par la fraîcheur atmosphérique.

Les *étuves* ne sont pas à Bourbonne d'origine bien ancienne; elles ont été établies, il y a une

(1) Voir action de l'eau thermale.

vingtaine d'années tout au plus. Elles se prennent dans des cabinets, construits en pierres de taille et placés sur le puisard même. Au centre de ces cabinets, dont la température la plus élevée ne dépasse pas 38 à 40°, existe une ouverture recouverte d'un banc à claire-voie, à travers lequel passe la vapeur. L'action de ces étuves est celle de la vapeur d'eau unie à la chaleur; elles ne produisent pas d'autres effets que ceux des étuves ordinaires; elles appellent le sang à la peau et provoquent les sueurs. On ne les prescrit que dans le cas où ces dernières sécrétions peuvent être utiles pour hâter la guérison.

Les *boues* sont formées de parties terreuses non solubles, que les sources entraînent dans leur trajet à travers les couches terrestres, et de sels abandonnés par l'évaporation de l'eau. On en faisait autrefois un usage assez fréquent, malgré le peu d'avantage qu'on pouvait en retirer; elles étaient employées en cataplasmes dont l'application déterminait souvent des érythèmes et des érysipèles. Cet inconvénient les a fait abandonner comme moyen curatif.

Il est peu de questions médicales qui aient

soulevé autant de discussions et sur lesquelles on ait été si peu d'accord, que *l'action* des Eaux thermales. Dans les premiers temps de la médecine, les guérisons qu'elles procuraient ont été attribuées à des propriétés divines, plus tard à des vertus secrètes, puis à un calorique spécial, à l'électricité, etc. Lorsque la médecine physiologique parut, la plupart de ses partisans, croyant que les maladies ne pouvaient disparaître que par l'action antiphlogistique, ne voulurent pas leur reconnaître d'autres propriétés que celles dont jouit l'eau commune. Depuis quelque temps on tombe dans un excès opposé, on veut tout guérir avec les excitans, et l'on ne voit dans l'Eau thermale que l'action des médicamens de cette classe.

On a été le plus souvent trop exclusif, car les Eaux jouissent de propriétés complexes, et isoler leur action, c'est tomber dans la confusion et l'erreur. Aussi nous ne nierons pas l'influence salutaire des secousses imprimées par le voyage, d'un changement d'air, du régime ou d'une alimentation plus substantielle, des distractions, d'un traitement soutenu, enfin de la confiance qui fait persévérer le malade, et l'empêche de se livrer à des écarts. Toutes ces causes de guérison, auxquelles nous attribuons assez de ver-

tus pour opérer des cures par leur emploi simultané, ou même individuel, sont sans doute très
utiles ; je me plais à le reconnaître, mais elles ne
sont que secondaires ; il en existe d'autres plus
directes et plus actives, l'action modificatrice de
la douche, l'action excitante de la chaleur du
bain, des sels renfermés dans les Eaux, et principalement l'action spéciale de ces mêmes principes minéralisateurs.

J'ai parlé, à l'article *Bains* et *Douches*, des différens phénomènes qui se passent pendant et
après l'usage des deux formes d'application des
Eaux, citées plus haut ; j'ai dit deux mots de
leur action en général, je vais examiner actuellement leur action excitante et l'action spéciale
des sels qu'elles contiennent.

Toutes les Eaux, soit minérales, soit simples,
prises en bain, possèdent une certaine propriété
d'excitation, c'est-à-dire une faculté de déterminer quelquefois du malaise, de la courbature, de
la fatigue, après un nombre de bains indéter-
miné. Ainsi les Eaux thermales de Bains (départe-
ment] des Vosges), qui ne renferment point ou
très peu de principes minéralisateurs, prises
à la température de 32°, ne sont pas dépour-
vues de cette vertu : elles réveillent les douleurs
et provoquent souvent un léger mouvement fé-

brile. Des malades qui en ont fait usage m'ont assuré que non-seulement les baigneurs souffrans se plaignaient d'exacerbation dans leurs affections, mais encore que les personnes qui ne se baignaient que par plaisir accusaient souvent, après quelques jours de leur usage, des douleurs qu'elles n'avaient pas auparavant. Cette excitation dépend du changement apporté dans l'habitude du corps. Il est facile de comprendre qu'on ne se plonge pas pendant une heure et davantage, un plus ou moins grand nombre de jours consécutifs dans un autre milieu que l'air, sans détruire quelquefois l'équilibre qui règne dans notre économie, et déterminer un trouble dans les fonctions de notre organisation. Nous avons vu qu'après le bain chaud (1), il survenait toujours un mouvement fébrile. Il ne faut pas confondre cette action excitante avec celle dont nous venons de parler; la première dépend du calorique en excès communiqué au corps, tandis que celle-ci vient du changement momentané apporté dans les sensations et les fonctions de la peau, et est inhérente à tous les bains.

Il existe encore une troisième espèce d'action excitante, due aux sels que les Eaux renferment,

____

(1) Voy. *Bains.*

et que possèdent un grand nombre d'autres médicamens, tels que le sulfate de quinine, les préparations hydrargyriques, antimoniées, etc. Mais de même que ce n'est pas en vertu de cette propriété qu'on les administre, car on n'a jamais, à ma connaissance, dit que ces remèdes n'agissaient que par l'excitation qu'ils déterminent, de même qu'ils ont une vertu spéciale qui les fait préférer dans les affections périodiques, les maladies syphilitiques, etc.; de même aussi les Eaux possèdent une action particulière, modificatrice du sang, des organes malades; action que je crois être la cause d'un grand nombre de guérisons, et qui les fera toujours préférer dans la plupart des maladies chroniques.

C'est sur la fréquence des phénomènes déterminés par ces diverses actions excitantes, que l'on s'est principalement appuyé pour dire que les Eaux guérissaient toujours en stimulant, et l'on n'a nullement fait attention que l'excitation n'était pas constante, que les eaux simples pouvaient exciter aussi fortement sans jouir des mêmes propriétés curatives. Sans doute la propriété excitante des Eaux est, dans un certain nombre de cas, la cause de leur efficacité, car tout trouble dans l'économie peut, par le changement qu'il apporte dans la ma-

nière d'être et de fonctionner des organes, modifier leur vitalité, en activant la circulation
locale ou générale. Ce mode d'action peut guérir,
je le sais fort bien, mais lui en faire tous les
honneurs, c'est être trop exclusif. Croire que
toujours les maladies chroniques doivent pour
guérir être excitées, *passer à l'état aigu*, est une
grave erreur; une perturbation n'est pas toujours utile ; souvent les malades retrouvent
leur santé dans l'usage des Eaux, sans avoir
éprouvé pendant le traitement le plus léger
trouble dans les fonctions de leurs organes.
Pour démontrer par des exemples cette vérité
et faire disparaître tout doute à ce sujet, voici
deux observations prises entre un grand nombre de ma pratique.

Monsieur J..... N.... de S... (Marne), âgé de
quarante ans, d'un tempérament lymphatique-
sanguin, présentait les symptômes suivans à son
arrivée aux Eaux. *Paraplégie complète occasionnée
par un refroidissement.* Impossibilité d'imprimer
le moindre mouvement général ou partiel aux
extrémités inférieures, insensibilité des tégumens
de ces parties, inflexibilité de la colonne lombaire,
vertèbres dorsales gonflées, amaigrissement considérable, pouls donnant 105 pulsations par mi-
nute pendant que le malade était couché.

Le traitement antérieur avait consisté en bains et en un assez grand nombre de moxas appliqués sur le trajet de la colonne vertébrale, moxas dont le malade n'avait obtenu aucun résultat satisfaisant. Usage des Eaux en boisson, en bains et en douches; trente bains et vingt-quatre douches consécutifs. A la fin de cette saison, légère sensibilité de la peau des membres inférieurs, flexibilité de la colonne lombaire, mouvement volontaire des orteils. Retour aux Eaux, l'année suivante : le malade marche avec assez de facilité; il peut faire 15 kilomètres à pied sans se reposer; saison de vingt-et-un bains et seize douches. Au départ, M. S. a plus de force dans les jambes et m'assure qu'il se croit capable de marcher pendant une journée entière sans trop se fatiguer.

Madame A... de B.-S. A., âgée de 25 ans eut des sueurs répercutées, quelque temps après un accouchement et pendant qu'elle était nourrice; plus tard il survint dans le dos d'immenses abcès que fournirent une petite esquille et qui s'accompagnèrent d'accès de fièvre; on observa une ostéite de l'extrémité inférieure du fémur gauche et de l'os des îles du même côté.

En désespoir de cause et après un traitement rationnel, on l'envoya aux Eaux de Bourbonne.

Lorsqu'elle y arriva le 7 juin 1842, madame A. était malade depuis 18 mois et présentait les symptômes suivans : Tempérament lymphatique nerveux. Dans les parties du dos où les abcès s'étaient formés, décollement considérable, suppuration abondante; déviation du bassin, tumeur blanche du genou, peu d'appétit; pouls battant 115 pulsations pendant que la malade est couchée horizontalement. Amaigrissement excessif, faiblesse extrême; madame A. ne peut faire un pas, même avec l'aide de béquilles.

Je conseillai quarante bains à 32° du thermomètre centigrade, et trente douches en arrosoir, extrêmement légères, d'une durée de 20 minutes, qui furent reçues sur les ulcérations, recouvertes d'un bandage scapulaire et sur les autres parties malades; après ce traitement la suppuration avait diminué, la cicatrisation était commencée, l'appétit meilleur et les forces augmentées; la malade se promenait à l'aide de béquilles. Depuis son départ, j'ai appris, que sa santé s'est améliorée de jour en jour; les ulcères sont cicatrisés, les gonflemens des os sont moins considérables; madame A... a repris ses habitudes de ménage et se dispose à revenir aux Eaux dans le courant de cette année, afin de consolider sa guérison.

J'ai donné les observations de ces deux malades, dont l'un a guéri et l'autre est en voie de guérison, parce qu'étant tous deux sous le poids d'une fièvre hectique, ils présentaient les conditions les plus favorables pour éprouver des symptômes d'excitations provoquées par les Eaux. Cependant malgré la surveillance la plus attentive, je n'en ai jamais remarqué le moindre signe, et je crois que la plus légère surexcitation eût pu devenir funeste dans des affections aussi graves que celles dont nous venons d'esquisser l'historique. Ces deux cas, et un grand nombre d'autres, m'ont prouvé que l'excitation n'était pas toujours nécessaire pour obtenir d'heureux résultats, et qu'il existait dans les Eaux thermales un autre mode d'action.

Si la stimulation déterminée quelquefois par les Eaux était la seule cause de guérison, il serait inutile de prendre des bains et des douches d'Eaux thermales ; ceux d'eau simple, et une foule d'autres remèdes, suffiraient pour obtenir le même résultat ; car on pourrait toujours donner à volonté assez d'excitation avec une douche très puissante et des bains chauds ; mais non, il existe une autre cause, car souvent des malades, après avoir fait usage sans succès, chez eux ou dans des établissemens particuliers, de bains chauds et de douches d'une force dont celles de Bourbonne n'approchent pas, guérissent ensuite sous l'influence de la médication par nos Eaux. Je vais m'efforcer de l'expliquer telle que je la comprends, et telle que l'observation et quelques expériences me l'ont fait soupçonner.

En agissant sur les mêmes quantités de sang obtenu par la ventouse, avant et après l'usage des Eaux sur deux malades dont l'un avait une constitution épuisée par de longues souffrances déterminées par une névralgie sciatique, existant depuis plusieurs mois, et l'autre un lumbago qui n'avait point altéré son état général, j'ai cru trouver par les réactifs que les principes salins étaient chez tous deux plus abondans après la saison qu'avant, et que le sang du malade épuisé était moins riche en hydrochlorate de soude que celui du second.

J'ai cru observer encore que les sels contenus dans les Eaux, jouissaient de la propriété de rendre le sang plus fluide; propriété qui a été remarquée même par des malades, car j'ai donné des soins à deux personnes que des menaces de congestions forçaient à recourir souvent aux évacuations sanguines, et qui m'ont assuré qu'après leur séjour aux Eaux, elles éprouvaient un besoin moins fréquent de se faire saigner, que leur sang ne présentait point une couleur aussi foncée, et ne se coagulait pas avec la même rapidité.

Quoique ces expériences, que je me propose de répéter, soient trop peu nombreuses et incomplètes, à raison du peu d'habitude que j'ai de ce genre d'opérations chimiques, je crois cependant que l'assimilation des principes des Eaux minérales au sang, par la propriété que ces mêmes principes possèdent, de reconstituer, de régénérer et de modifier celui-ci, lorsqu'il est épuisé dans les maladies chroniques, aide puissamment à la guérison de ces affections.

Les Eaux peuvent encore agir d'une autre manière. Pendant le bain, l'Eau thermale et les sels qu'elle renferme sont absorbés, traversent les vaisseaux capillaires de la peau, activent leurs fonctions, et augmentent leurs forces de résolution. Portés dans le torrent de la circulation, ils étendent bientôt cette activité à tous les organes, mais plus particulièrement à ceux qui sont malades, et qui ont besoin de subir des modifications, qu'à ceux qui sont sains. Cette action, insensible dans le plus grand nombre de cas, n'est jamais nuisible lorsqu'elle est produite par les Eaux de Bourbonne elles-mêmes; chose facile à comprendre lorsqu'on fait attention que les principes minéralisateurs de ces Eaux sont à-peu-près, pour la quantité et l'espèce, les mêmes que ceux du sang et des autres humeurs de notre corps, qui se débarrasse de l'excès par les sécrétions.

Toutes ces idées sur l'action des Eaux peuvent s'appliquer à presque toutes les sources thermales, et quoiqu'elles soient pour moi encore à l'état d'hypothèses, je ne les crois cependant pas sans valeur; seules elles ont pu m'expliquer certains faits d'une manière satisfaisante, et j'en ai tiré souvent des inductions pratiques fort utiles pour le traitement, qu'on comprendra, d'après ces diverses hypothèses, ne devoir pas toujours être exclusivement excitant.

Quelquefois les malades n'obtiennent aucune amélioration pendant l'usage des Eaux; mais, quelque temps après, il survient différens phénomènes, tels qu'une résolution insensible, des évacuations critiques salutaires, produits d'un travail d'élimination, qu'on a nommés effets consécutifs, qui nous seront encore expliqués par l'introduction des sels dans l'économie. En effet, l'on comprendra que les humeurs, modifiées par les principes minéralisateurs des sources, peuvent encore, long-temps après, agir sur des organes malades, qu'elles modifieront à leur tour.

Il ne faut pas croire cependant que les Eaux préparées artificiellement avec les mêmes principes que ceux renfermés dans les Eaux de Bourbonne, donneraient les mêmes résultats heureux. Non : car jamais on n'a pu imiter les Eaux, quels que soient les soins apportés à leur confection. Si l'on veut se convaincre qu'il existe de la différence entre les Eaux naturelles et les Eaux artificielles, qu'on boive l'une et l'autre ; elles auront, selon les chimistes, les mêmes principes, cependant on ne leur trouvera pas le même goût ; les premières passeront facilement, ne détermineront ni fatigue, ni ballonnement d'estomac, ni rapports nidoreux et aucun des accidens que développent les Eaux artificielles.

Il y a dans les Eaux en général le *je ne sais quoi* que tous les réactifs de la chimie, les expériences de physique, les raisonnemens, ne peuvent expliquer d'une manière satisfaisante. L'existence de cette action secrète, inhérente à la constitution propre de l'Eau minérale, m'a été prouvée par l'expérimentation et les faits que je vais rapporter.

Il existe une affection de l'estomac caractérisée par des douleurs que la pression n'augmente pas, et qui se font ressentir principalement le matin à jeun. Dans cette espèce de gastralgie, soulagée et souvent guérie par les infusions de fleurs balsamiques, l'Eau thermale est très salutaire, et j'ai vu quelquefois une dose de 60 grammes seulement faire disparaître une maladie semblable, datant de plusieurs mois. Ayant à donner des soins à deux malades éloignés de Bourbonne, qui présentaient les symptômes de cette affection, je leur ai prescrit, pensant obtenir les mêmes résultats, l'Éau thermale factice, contenant les principes signalés dans l'analyse de MM. Desfosses et Roumier, sans obtenir d'effets avantageux, tandis que l'Eau thermale naturelle procura une guérison rapide.

Ces deux observations m'ont toujours paru concluantes, malgré leur petit nombre. Elles ont suffi pour me convaincre que les Eaux minérales artificielles ne jouissaient pas toujours des mêmes propriétés que les Eaux naturelles.

Ne pourrait-on pas tirer la conséquence, de semblables faits, que si l'Eau thermale prise à l'intérieur guérit par une action particulière, cette même action peut aussi et doit même exister spécialement dans des maladies contre lesquelles l'expérience indique l'usage de l'Eau en bains et en douches.

Comment expliquer cette action différente des

Eaux naturelles et des Eaux artificielles? S'il était vrai, comme l'ont avancé certains médecins, que les secousses augmentassent la division moléculaire et la force médicatrice des substances thérapeutiques, je serais disposé à croire que les Eaux thermales qui ont subi un grand nombre de *succussions* pendant l'immense trajet qu'elles ont parcouru avant d'arriver à la surface de la terre, leur doivent leur propriété spéciale.

Cette hypothèse nous expliquerait-elle pourquoi les sources de Carlsbad qui offrent entre elles tant de similitude à l'analyse chimique, produisent une action si différente? Pourquoi à Eaux chaudes (1), ce n'est pas la source la plus minéralisée, celle dont la température est la plus élevée, qui est la plus excitante? Ainsi la source Mainvielle irrite plus facilement certains estomacs, quoique n'ayant que 11°, tandis que l'Esquirètre, autre source plus fortement minéralisée, ne détermine aucun accident chez les mêmes personnes. Non; le secret de la force médicatrice des Eaux sera encore long-temps incertain; bornons-nous à les regarder comme ayant une action spéciale, modificatrice des humeurs et des parties malades, secondant les efforts de la na-

______

(1) *Isidore Bourdon.*

ture qui tend continuellement à se débarrasser de ce qui trouble l'équilibre dans le jeu de nos organes et profitons d'un bienfait que la providence nous a envoyé.

Entourées d'établissemens thermaux dont les Eaux ne contiennent que peu de principes minéralisateurs, les sources de Bourbonne devaient nécessairement acquérir par opposition, la réputation d'être trop actives; mais ce reproche qui est le résultat d'une comparaison, fait leur éloge en leur accordant une puissance que l'on peut toujours diminuer à volonté par l'addition d'une certaine quantité d'eau commune.

Elles ne pouvaient pas plus être à l'abri d'injustes soupçons que le sulfate de quinine, l'opium, le mercure et beaucoup d'autres médicamens efficaces qui rendent tous les jours de si grands services à la médecine. Sans doute elles jouissent, comme les autres sources thermo-minérales, de propriétés excitantes nuisibles dans certains cas; mais souvent, la stimulation qu'elles provoquent, bien loin d'être à craindre, est favorable. Légère, graduelle, cette stimulation augmente les sécrétions et les excrétions, hâte les progrès de la guérison. Si des accidens se développent avec violence, il ne faut les attribuer qu'à l'abus de leur emploi, à l'imprudence du malade, ou à la marche de la maladie. Car il n'existe pas de remèdes innocens quand ils sont mal ou intempestivement administrés : du reste la gravité des affections et l'épuisement des personnes traitées à Bourbonne, prouvent en faveur des vertus salutaires de ses Eaux, et du peu de danger qu'offre leur emploi. Je puis assurer d'après mon expérience , que prises convenablement, elles ne sont pas plus à craindre que celles des autres établissemens.

La première question qui se présente dans le *traitement*, est celle-ci : A quelle époque de l'année doit-on faire, sur les lieux mêmes, usage des Eaux ? La saison des Eaux s'ouvre, à Bourbonne, le 15 avril et se termine le 15 octobre. Quelques médecins ont prétendu que l'époque la plus convenable était les mois compris entre le 1er juin et le 1er octobre. Sans chercher à me rendre compte des motifs de ceux qui ont émis cette opinion , je dirai que l'influence atmosphérique modifie peu l'efficacité des Eaux de Bourbonne; en effet, je n'ai pas ordinairement compté plus de succès pendant les chaleurs de l'été que pendant la fin du printemps et le commencement de l'automne, à moins que les maladies ne subissent elles-mê-

mes une influence plus favorable de la saison :
ainsi les rhumatismes, les tumeurs blanches, les
adénites, les affections lymphatiques, etc., seront
plus facilement modifiés pendant l'été; les affections intestinales, et les paralysies, pendant l'automne et le printemps; tandis que les plaies d'armes à feu, les ankyloses incomplètes, les fractures, les luxations traumatiques, ne subiront aucune influence de la saison. Mais en général
le temps le plus favorable est du 1ᵉʳ mai au
1ᵉʳ octobre, car les rhumes et toutes les affections
faciles à contracter pendant les froids et les temps
humides, lorsqu'on fait usage de bains, forcent
les malades à interrompre fréquemment le traitement pendant les autres mois de l'année.

Après un certain nombre de bains et de douches, il survient, quelquefois chez les malades,
des évacuations critiques, telles que des sueurs
abondantes, des éruptions, etc. Ces divers phénomènes se manifestent ordinairement après
une série d'une vingtaine de bains. Afin d'éviter
les inconvéniens qui pouvaient résulter de la
continuation de l'usage des Eaux, les anciens
médecins, qui ne procédaient que par nombre
impair, ont fixé la quantité de bains à prendre
sans interruption au nombre vingt-et-un qu'ils
ont nommé *saison*. Cette période, quoique le

plus souvent adoptée, ne doit pas être exclu-
sive; il est certaines circonstances qui forcent à
s'en écarter. Ainsi toutes les fois qu'il survient
trop d'activité dans l'organisme, qu'il se mani-
feste des crises salutaires, le repos devient nécessaire, et il faut cesser dans la crainte d'arrêter des évacuations souvent utiles et de déterminer des accidens.

Le temps de séjour à Bourbonne est indé-
terminé, et il est impossible d'indiquer quelle
sera sa durée : celle-ci variera suivant la nature de la maladie, le tempérament, la constitution, suivant les forces, et l'idiosyncrasie du
malade, etc. Cependant on ne peut guère y rester
moins d'une saison, et dans certains cas il y a
nécessité de faire usage des Eaux pendant deux
et même trois de ces périodes, mais bien rarement davantage.

La difficulté de déterminer le mode d'application des formes sous lesquelles on doit administrer les Eaux dans chaque maladie en particulier,
de parler de toutes les modifications qu'un traitement doit subir sous l'influence des circonstances et par suite des variations survenues dans
les symptômes; d'un autre côté, l'impossibilité
dans laquelle se trouvent les malades d'appliquer
avec justesse les méthodes de traitement, consi-

gnés dans les ouvrages écrits sur les Eaux, et les accidens qui peuvent survenir, lorsqu'ils n'ont d'autre guide que ces documens plus nuisibles qu'utiles entre leurs mains, m'engagent à ne pas donner de grands développemens, à ne parler que de généralités.

Il y a deux siècles et demi, Hubert Jacob, disait : « Plusieurs s'imaginent que pour prendre les Eaux minérales de Bourbonne il ne faille faire autre chose que de se jeter dedans à corps perdu, au surplus voudraient vivre à leur liberté, etc. » Ce reproche peut être encore fait aux baigneurs de notre époque. Souvent, entraîné par l'exemple, le malade ne craint pas d'aggraver son état, de se prédisposer à d'autres affections, et même de compromettre sa vie. Il croit justifier l'emploi immodéré ou intempestif qu'il a fait des Eaux, en disant : « Il ne m'est pas survenu d'accident en agissant de cette manière. » Bien que parfois des cures s'opèrent sans que le malade ait été dirigé rationnellement, le hasard cependant ne peut jamais servir de règle et l'on ne peut s'y abandonner sans s'exposer à de graves accidens, ou du moins sans renoncer en partie aux succès qu'on était en droit d'espérer.

Pour obtenir tous les avantages possibles de l'usage des Eaux, il ne faut pas, comme on le croit généralement, les administrer dans toutes les circonstances et chez tous les malades de la même manière et à la même dose; il faut, avant tout, connaître l'âge, la constitution, le tempérament, le degré d'excitabilité, l'idiosyncrasie du malade, la marche, la nature et le siége de l'affection. C'est la connaissance de ces différentes conditions qui conduit à l'emploi rationnel de la température, de la durée des bains et des douches. En effet, si le malade est vigoureux, le traitement ne doit pas être le même que s'il était débile et rachitique; l'homme lymphatique ne fera point usage des Eaux comme celui surchargé d'embonpoint et disposé à l'apoplexie.

Il faut avoir grand soin d'éviter les secousses fortes lorsque la maladie est grave. Dans ce cas, une des premières conditions d'une bonne administration des Eaux, est de ne pas exciter un mouvement violent de l'organisme ; et pour éviter les accidens et guérir promptement, l'action des Eaux doit être insensible. C'est surtout dans ces affections qu'on ne doit pas perdre de vue qu'il faut aider les efforts de la nature plutôt que de chercher à les remplacer. L'excitation détermine souvent des ravages que l'on ne peut plus arrêter. Un fait bien certain que j'ai observé cent fois, c'est que les Eaux, prises avec modération sont douées d'une puissance curative plus grande que lorsqu'elles sont administrées sous leurs différentes formes, à doses trop élevées.

Enfin dans toutes les prescriptions, on ne doit jamais oublier que souvent l'indication fournie par le tempérament n'est pas la même que celle donnée par la maladie; suivre l'un et négliger l'autre, c'est s'exposer à compromettre le succès du traitement, aggraver l'état du malade, ou tout au moins retarder la guérison.

Les Eaux se boivent ordinairement à jeun, telles qu'elles sortent de la source; prises de cette manière, elles sont plus faciles à digérer pour un grand nombre de personnes et sont plus salutaires. On peut encore quelquefois en obtenir de bons résultats, en les associant à certaines boissons, en les coupant avec des infusions légères, avec le lait, etc...; lorsque la maladie peut être modifiée par une boisson copieuse, ou lorsqu'on craint l'excitation qu'elles peuvent développer sur un tube digestif trop irritable. Cependant il faut en général préférer une petite dose au mélange.

Le bain est un des moyens thérapeutiques les plus utiles dans un grand nombre de circonstances. Mais son degré d'utilité dépend de son mode d'administration. Si le bain pris au degré de chaleur convenable est un moyen puissant de guérison, il n'en sera pas de même dans le cas contraire. Loin d'être avantageux, il développerait de graves accidens.

Si l'on a lu attentivement ce qui se rapporte à l'action des Eaux, on comprendra que la température du bain et sa durée doivent varier suivant l'affection, le tempérament, la constitution, la faculté absorbante de chaque baigneur. — Nous avons vu souvent des malades ne pas retirer des effets avantageux du traitement, parce que le médecin n'avait pas suivi les indications fournies par ces diverses conditions.

Les bains chauds sont très utiles dans certaines maladies; ils aident puissamment à l'action des Eaux dans les paraplégies rhumatismales, dans un grand nombre de maladies internes résultant de la suppression d'une éruption externe ou d'un vieil ulcère, dans certaines maladies lymphatiques, dans les cas de syphilis latente que l'on veut rendre apparente, etc., etc.; mais ils ne sont pas sans inconvéniens chez les vieillards, qui éprouvent de leur emploi des accidens plus fréquens et plus funestes que les jeunes gens. Chez les personnes d'un tempérament sanguin, disposées aux congestions cérébrales, chez les malades épuisés par de longues souffrances, chez ceux atteints de fièvres hectiques, de carie des os, de vastes ulcérations, etc., leur emploi est à craindre; car la propriété excitante de l'Eau de Bourbonne, fortement minéralisée, se doublerait par la température élevée du bain; aussi le plus souvent il est prudent de s'en tenir à la prescription des bains à la température de 31 à 34 degrés, th. centigr. Je suis convaincu par une pratique de douze années, que les bains tempérés sont en général, contre le plus grand nombre de maladies traitées à Bourbonne, plus utiles que les bains chauds. Je n'ai pas à redouter des accidens comme avec ces derniers, tout en obtenant des effets soit immédiats, soit consécutifs, plus heureux.

Les bains frais sont rarement employés; on ne les prescrit guère que dans certaines affections nerveuses.

Les bains d'Eau thermale doivent rarement être prolongés au-delà d'une heure. Ce n'est pas qu'une durée plus longue puisse déterminer autre chose qu'un peu d'excitation facile à calmer; j'ai vu quelquefois des malades prendre des bains de deux heures pendant deux saisons consécutives sans éprouver d'accidens; mais l'expérience a démontré que la durée la plus convenable était une heure.

Il existe peu de maladies chroniques dans lesquelles on ne puisse employer la douche, et sa prescription ne doit pas être négligée, lorsqu'elle peut être faite rationnellement. Son usage combiné avec le bain est le moyen le plus sûr de guérir complétement et rapidement.

Son administration n'est pas toujours chose aussi facile qu'on pourrait le croire, lorsqu'on veut obtenir tout l'effet possible de son emploi. Combien de fois n'avons-nous pas remarqué que, prise sans précautions, elle rendait la maladie plus tenace, l'aggravait, et que le peu de succès obtenu de l'usage des Eaux ne reconnaissait pas d'autre cause que son application intempestive, trop forte ou trop faible, trop ou trop peu prolongée, etc. Aussi le médecin doit prendre les soins les plus minutieux, et étudier avec soin la convenance de telle ou telle douche à appliquer à certaines affections; son administration doit être rationnelle ; on doit varier sa grosseur, la forme de son jet, sa température, sa durée, revenir plus ou moins fréquemment à son emploi, suivant les indications que présentent les nombreuses variétés de constitutions, de maladies et d'organes affectés.

Quelquefois la douche doit frapper sur les parties douloureuses; d'autres fois ce sera sur les parties environnantes; dans un grand nombre de circonstances, il est utile de la promener sur toutes les parties qui peuvent la recevoir sans danger; car j'ai observé que la stimulation dans la circulation, déterminée sur des organes éloignés, produisait souvent de bons effets. On ne doit jamais arrêter long-temps la douche sur le même point; en agissant autrement, on s'exposerait à développer une excitation qui, bien loin d'être avantageuse dans le plus grand nombre des cas, aurait de tristes résultats; résultats qui sont encore à craindre, surtout dans les affections du système osseux, en faisant usage de douches puissantes.

Les premières douches doivent être légères. La partie sur laquelle elles tombent s'habitue peu-à-peu, comme nous l'avons déjà dit, et après quelques jours d'usage, on peut arriver à faire tomber une très forte colonne d'Eau sans déterminer de douleurs. Dans beaucoup de circonstances, si l'on n'est pas en garde contre cette absence de douleurs, des accidens redoutables viennent se développer : l'habitude du choc de la douche, diminuant la sensibilité de certains organes, fait croire que la douche ne détermine aucun mal; les parties sont contuses, une subinflammation se développe, sans douleurs dans le

principe, puis augmente progressivement, et fi-
nit par produire un ravage contre lequel les res-
sources de l'art sont souvent impuissantes. Combien de fois n'avons-nous pas vu l'abus de la douche rendre des ostéites très graves, de légères
qu'elles étaient primitivement.

Les principales parties qui peuvent être dou-
chées sans inconvénient sont le dos, les épaules,
les lombes, le trajet de la colonne vertébrale, les
fesses, les membres ; cependant, il ne faudrait
pas le faire sans précaution, s'il existait des points
douloureux sur ces organes.

La douche doit avoir en général une chaleur
agréable, c'est-à-dire un peu plus élevée que
celle du bain tiède ; cependant nous en avons
obtenu de très bons effets dans certaines circonstances, en lui donnant une température plus
élevée ou plus basse.

Quoique la durée de la douche ne puisse être
indiquée, elle doit être en rapport avec la sensibilité des parties et leur étendue.

Si, après une série de bains et de douches, le
malade éprouve un mouvement d'excitation, il
faut s'efforcer d'en reconnaître la cause, afin de
l'arrêter quelquefois, et d'obvier aux inconvéniens qu'il pourrait avoir ; car, dans un grand
nombre d'affections, par exemple, dans le rhu-

matisme musculaire, les névralgies, les douleurs vagues, etc., si ce mouvement peut devenir utile et doit être provoqué, il n'en est pas de même dans les maladies graves, dans celles où les réactions violentes ne peuvent se faire sans danger ; bien loin de chercher à l'obtenir, dans ce dernier cas, il faut le craindre, et accorder aux Eaux le temps nécessaire pour modifier insensiblement l'économie, l'organe souffrant, par l'assimilation des principes minéralisateurs. Les guérisons, pour se faire attendre plus long-temps, n'en seront que plus sûres, et les rechutes moins fréquentes.

Pendant le traitement, il faut être sobre de médicamens ; car les maladies dans lesquelles il est nécessaire de combiner les Eaux avec une autre médication sont assez rares. Il ne faut pas oublier que la plupart des malades ne viennent à nos sources qu'après l'emploi d'un grand nombre de moyens pharmaceutiques ; que souvent, fatigués par les remèdes, et sous leur influence, les organes malades ne peuvent se modifier ; et continuer un traitement polypharmaque, c'est vouloir neutraliser, empêcher les effets, soit immédiats, soit consécutifs des Eaux. Aussi ne doit-on employer que les remèdes jouissant de la propriété bien constatée d'aider l'action des sources thermales.

La nourriture variée et de facile digestion est la plus convenable; on doit suivre, dans sa prescription, les indications fournies par la nature de l'affection, par le goût, les habitudes et le tempérament du malade; le plus souvent le régime doit être tonique, fortifiant. Les fruits très mûrs, lorsque l'estomac les digère facilement, peuvent ne pas être défendus d'une manière absolue; ils ne nuisent au traitement que dans les cas où les malades en mangent en trop grande quantité, et composent leurs repas de cette seule espèce d'alimens. Les boissons ne doivent jamais être trop froides ou trop rafraîchissantes, et l'abstinence de liqueurs fortes est de toute nécessité. En un mot, les malades doivent être sobres et ne pas s'abandonner à l'intempérance; personne n'ignore que sans régime il ne faut point, dans la plupart des maladies, attendre de guérison complète.

Pendant l'usage des Eaux, le malade évitera toutes les transitions du chaud au froid; le meilleur moyen de s'y soustraire est de se vêtir assez chaudement, d'éviter surtout les changemens fréquens de vêtemens chauds contre de plus légers, changemens qui sont la cause d'une multitude d'affections. La promenade est nécessaire dans le traitement par les Eaux, et le malade devra s'y livrer chaque fois qu'il en trouvera l'occasion, et que sa maladie le lui permettra; mais tous les momens de la journée ne sont pas convenables : c'est au médecin à indiquer le temps et le lieu.

Les Eaux de Bourbonne ne diffèrent de celles des autres sources des Vosges que par une plus forte quantité de principes minéralisateurs, avantage précieux qui les rend plus efficaces, et permet de les appliquer, non-seulement aux maladies traitées dans les autres établissemens, mais encore à une foule d'autres affections contre lesquelles les autres Eaux seraient complétement impuissantes. Dans le cas très rare ou l'activité de nos thermes paraît trop puissante, leur température élevée permet d'ajouter une assez grande quantité d'eau commune, pour affaiblir de moitié, et même davantage la solution des sels qu'elles renferment. Cette circonstance nous a paru devoir être toujours d'un grand poids dans la décision du médecin appelé à se prononcer sur le choix d'une source d'Eaux thermales salines.

Bien qu'on connaisse depuis long-temps les maladies contre lesquelles il convient de venir

à nos sources, nous allons indiquer sommaire-
ment, afin de faciliter aux médecins la prescription de nos Eaux, les cas dans lesquels on peut
en attendre de bons résultats.

En général, nulle source thermo-minérale ne
convient mieux dans les affections où il faut modifier les humeurs, fortifier les constitutions, et
rétablir les sécrétions qui sont disparues.

Elles ont une action puissante sur les engorgemens abdominaux et amènent souvent une
résolution rapide de ces affections lorsqu'elles ne
sont pas de nature véritablement squirrheuse.

Elles augmentent les forces et l'énergie chez
les jeunes gens, dont l'accroissement a été trop
rapide et soutiennent la santé chancelante des
vieillards, principalement de ceux chez qui la
circulation de quelques organes est embarrassée.

Enfin elles jouissent de propriétés très efficaces
dans les maladies suivantes :

Atrophies des membres;

Ankyloses, luxations, entorses, faiblesse d'articulations;

Fractures;

Blessures d'armes à feu, etc. ;

Maladies des os, ostéite, carie, nécrose;

Tumeurs blanches, luxations spontanées, etc.;

Fistules, ulcères de toute nature;

Syphilides;

Aménorrhées, chloroses, anaphrodisies, métrites chroniques, flueurs blanches;

Cytistes chroniques, catarrhes de la vessie, incontinence d'urines chez les enfans, ou provoquée par la faiblesse ou la paralysie de la vessie;

Paralysies générales et locales, hémiplégie, paraplégie;

Dyspepsies, vomissemens chroniques ne dépendant pas de lésions organiques;

Engorgemens des viscères, du foie, de la rate, etc.;

Goutte atonique, rhumatisme articulaire;

Fièvres intermittentes;

Myélite, méningo-myélite;

Rhumatismes musculaires, inflammations chroniques des aponévroses, des tendons, etc.;

Névralgie, gastralgie, entéralgie, pleurodynie, etc.;

Affections nerveuses de la moelle épinière;

Névroses;

Scrofules;

Rachitisme.

DEUXIÈME PARTIE.

Après avoir décrit, dans la première partie de cet ouvrage, les propriétés physiques, chimiques et thérapeutiques de nos sources ; après avoir indiqué d'une manière générale leurs divers modes d'administration et les avantages que le baigneur est en droit d'espérer de la position topographique de Bourbonne, je vais rapporter quelques observations particulières qui pourront, mieux que la description générale, convaincre le lecteur de la puissance curative de nos Eaux thermales. Les faits que je citerai (et qui sont loin de constituer la totalité des cures que j'ai constatées dans ma pratique), ne seront point noyés au milieu de ces longs détails qui s'écartent trop souvent de la vérité, mon intention étant, non de faire un cours d'étiologie et de symptomatologie, mais de présenter un tableau concis des guérisons qui s'opèrent journellement sous nos yeux.

PREMIÈRE OBSERVATION.

Paraplégie. M. L. M..., âgé de seize ans, d'un tempérament sanguin, d'une constitution forte, mais alors affaibli par quelques mois d'une maladie grave, vint prendre, en 1833, les Eaux de Bourbonne contre une paraplégie survenue dans le cours d'une fièvre typhoïde. Cette paralysie, dont les principaux symptômes étaient un engourdissement remarquable dans les extrémités inférieures atrophiées, une impossibilité complète de marcher sans l'aide de béquilles, une grande difficulté d'uriner, avait été traitée jusque-là sans avantage par les vésicatoires volans, les frictions sèches, les linimens stimulans et les douches d'eau simple, au nombre de cinquante. Ce malade ayant fait usage des Eaux thermales en bains et en douches pendant une saison de vingt-et-un jours, quitta Bourbonne dans un état plus satisfaisant; quelques jours après son départ, il avait abandonné les béquilles; deux mois plus tard, il faisait d'assez longues promenades sans trop se fatiguer. M. M... revint l'année suivante prendre une nouvelle saison pour consolider sa guérison.

IIᵉ OBSERVATION.

Rhumatisme articulaire chronique. P... F..., âgé de quarante-deux ans, d'un tempérament sanguin, d'une constitution forte, eut un rhumatisme articulaire, qui laissa des nodosités dans les articulations des extrémités, ce qui rendait la flexion de ces dernières très difficile et incomplète. Après avoir inutilement employé les saignées, les bains domestiques, les linimens stimulans et résolutifs, ce malade fit usage des Eaux de Bourbonne en bains, en douches et en boisson, pendant deux saisons de vingt-et-un jours, qui déterminèrent une guérison complète. Les articulations avaient même retrouvé leur souplesse et leur volume primitifs.

IIIᵉ OBSERVATION.

Splénite chronique, relâchement des ligamens de l'utérus. Madame d'Au..., d'un tempérament nerveux lymphatique, d'une constitution peu forte, eut, après quelques années de mariage, une grossesse et un accouchement pénibles, à la suite desquels elle se plaignit de tiraillemens dans les côtés, de pesanteur dans le bas-ventre, et d'un léger prolapsus utérin accompagné d'un écoulement leucorrhéique peu abondant. On remarquait aussi dans l'hypocondre gauche une tumeur assez développée, sensible à la pression, qu'on reconnaissait facilement pour un engorgement de la rate. Malgré les fomentations, les bains, le repos et l'usage d'une foule d'autres moyens thérapeutiques, cet état persistait depuis huit mois lorsque madame d'A... vint à Bourbonne : une seule saison suffit pour lui procurer une guérison radicale.

IVe OBSERVATION.

Carie du corps du fémur droit. Le jeune D... de M..., âgé de quinze ans, d'un tempérament nerveux lymphatique, d'une constitution délicate, éprouva plusieurs refroidissemens, à la suite desquels il ressentit dans la cuisse droite une douleur pulsative qui fut suivie d'un abcès d'où s'écoula une grande quantité de pus sanieux, d'une odeur fétide. Cette suppuration ne tarissant point et continuant à présenter un assez mauvais caractère, on s'aperçut, en sondant la plaie fistuleuse qui s'était formée, qu'il existait une carie de la partie inférieure et interne du corps du fémur. Sur l'avis de son médecin, et après avoir essayé infructueusement plusieurs traitemens, ce malade se rendit aux Eaux de Bourbonne, qu'il employa pendant deux saisons. Au départ, l'amélioration était notable; quelques mois plus tard, la carie était guérie, l'ulcère cicatrisé, l'embonpoint revenu et les fonctions digestives, altérées par de longues souffrances, avaient repris leur vigueur première; enfin tous les symptômes graves que le jeune D... avait présentés à son arrivée aux Eaux avaient entièrement disparu. Lorsqu'il revint à Bourbonne l'année suivante, en 1834, il ne restait plus dans le membre malade qu'un peu de faiblesse, qui ne tarda pas à céder à ce dernier usage des Eaux. Je n'ai point reçu de renseignemens ultérieurs.

Ve OBSERVATION.

Paralysie de la langue. Le nommé Antoine M... de Ch..., âgé de vingt-six ans, d'un tempérament nerveux sanguin, d'une constitution forte, éprouva, à la suite d'une congestion cérébrale avec perte de connaissance, une paralysie des organes de la voix. Il y avait impossibilité de prononcer une seule parole. Ce malade ayant subi plusieurs traitemens sans aucun succès, vint aux Eaux de Bourbonne en 1836, trois mois après son accident. Il prit une saison de bains et de douches, but l'Eau thermale à la dose de trois verres. Au départ, M... articulait quelques paroles. Cette amélioration augmenta progressivement, quoique avec lenteur, jusqu'au mois de mars 1837, époque à laquelle ce malade revint prendre deux saisons dont il obtint les meilleurs résultats. J'ai appris depuis que la guérison était parfaite.

VIe OBSERVATION.

Engorgement des glandes du mésentère. Mademoiselle M... de N..., âgée de quarante-cinq ans, d'un tempérament lymphatique, d'une constitution faible, éprouva quelques chagrins domestiques à la suite desquels elle fut atteinte, il y a trois ans, d'aménorrhée, de lumbago et d'engorgemens des ganglions mésentériques, qui furent traités sans succès par les saignées, les sangsues, les boissons délayantes et nitrées. La malade, après avoir pris deux saisons, en 1835, partit de Bourbonne dans un état satisfaisant; cinq mois après, la guérison était complète.

VIIe OBSERVATION.

Hépatite chronique avec hypertrophie. M. D... de V..., propriétaire, âgé de trente-six ans, d'un tempérament lymphatique bilieux, est affecté depuis deux ans d'une hépatite chronique avec hypertrophie, qui met le malade dans l'impossibilité de travailler lui-même à la culture de ses propriétés. Les causes de cette affection, contre laquelle on a dirigé plusieurs moyens énergiques, tels que sangsues, vésicatoires, séton, ne sont nullement appréciables. Au départ et après deux saisons pendant lesquelles il avait employé les bains, les douches, et pour boisson, le matin à jeun, l'Eau thermale coupée avec du lait, les symptômes s'étaient tellement améliorés, qu'il était en droit de compter sur une guérison prochaine.

Nuls renseignemens ultérieurs.

VIIIᵉ OBSERVATION.

Névralgie sciatique. M. C... F... de D..., âgé de cinquante-sept ans, d'un tempérament sanguin nerveux, d'une constitution très forte et peu *impressionnable*, était atteint d'une névralgie fémoro-poplitée très intense, se renouvelant tous les jours à des heures différentes, cédant assez facilement à la chaleur du lit et aux topiques dont ce malade faisait très fréquemment usage. Jusqu'au moment de l'emploi des Eaux, qui eut lieu en 1835, on n'avait dirigé aucun traitement énergique contre cette affection. Au départ et après une saison de trente jours, la guérison était complète. Nuls renseignemens ultérieurs.

IXe OBSERVATION.

Entorse. Madame sœur O... de L..., sans tempérament prédominant, fit une chute dans laquelle le pied gauche s'étant trouvé engagé sous le corps, les ligamens tibio-tarsiens éprouvèrent une distension considérable.

Quatre mois après cet accident, contre lequel un traitement sévère avait été dirigé, il y avait encore une grande faiblesse de l'articulation et une claudication très prononcée qui cédèrent complétement à l'administration de bains et de douches continués seulement pendant une saison de vingt-et-un jours.

Xe OBSERVATION.

Ulcères scrofuleux. B... L... de O..., marchand, âgé de quarante ans, d'un tempérament lymphatique, d'une constitution assez forte, était atteint d'ulcères scrofuleux situés à la région inférieure et postérieure de la jambe droite, d'engorgement et de plaies de même nature à la main droite. Cette maladie, qui avait débuté par des engorgemens indolens, datait de quatre ans et avait résisté aux préparations d'iode, aux cautères et à l'usage des Eaux thermales d'un des établissemens des Vosges. Deux mois après l'usage des Eaux de Bourbonne prises en boissons, en bains et en douches, pendant deux saisons, la guérison était presque complète.

Je n'ai point eu de renseignemens ultérieurs.

XIe OBSERVATION.

Rhumatismes survenus à la suite de plaies d'armes à feu. R... P... de T... (Aube), ancien militaire, menuisier, âgé de quarante ans, d'un tempérament sanguin et d'une constitution assez forte, reçut, il y a dix-huit ans, deux coups de feu et un coup de sabre dans la région dorso-lombaire, qui fut depuis cette époque le siége de vives douleurs rhumatismales. Une seule saison aux Eaux de Bourbonne, en 1837, suffit pour guérir cette affection.

Nuls renseignemens ultérieurs.

XIIe OBSERVATION.

Nécrose. Le nommé G... Claude de M..., fils de manouvrier, âgé de dix-huit ans, d'un tempérament lymphatique sanguin, d'une forte constitution, malade depuis dix-huit mois, vient aux Eaux en 1836, affecté d'une nécrose de l'humérus droit avec tumeur blanche et ankylose de l'articulation huméro-cubitale. Il existe au-dessous de l'articulation scapulo-humérale

6.

deux plaies fistuleuses qui ont récemment livré passage à trois esquilles, et qui fournissent actuellement une suppuration abondante. On a employé sans succès contre cette affection le baryte et l'iode à l'intérieur, un régime tonique et les injections excitantes. Après quarante jours de pansemens appropriés et à l'usage de notre Eau thermale en boisson, en bains et en douches, le malade quitte Bourbonne dans un état notable d'amélioration : la santé générale est plus satisfaisante, les mouvemens de l'épaule et du bras sont plus libres; l'articulation huméro-cubitale ne présente pas de changemens bien appréciables. Après son départ, l'amélioration fit des progrès, et lorsqu'il revint aux Eaux, en 1837, le gonflement avait diminué, la suppuration était moins abondante. Deux nouvelles saisons d'Eau thermale prise en boisson, bains et douches, produisirent encore d'excellens effets consécutifs, et, quelques mois plus tard, d'après les renseignemens que j'ai recueillis, le malade était dans un état voisin de la guérison.

XIIIe OBSERVATION.

Ostéite chronique. Madame A... de Ch..., âgée de quarante-et-un ans, d'un tempérament lymphatique, d'une constitution assez forte, avait de-

puis deux ans, lorsqu'elle vint aux Eaux de Bourbonne, un engorgement de la totalité de l'articulation du poignet. Le périoste et le tissu osseux
lui-même étaient hypertrophiés, l'ankylose était
presque complète. Cette affection, qui a été produite par une chute sur la main, et contre laquelle on avait dirigé sans succès un traitement
assez énergique, fut notablement améliorée par
quarante bains et trente-six douches : quatre
mois après le départ, il ne restait plus qu'un engorgement léger qui n'apportait nul obstacle
aux mouvemens de l'articulation.

XIVe OBSERVATION.

*Ankylose incomplète de deux articulations, atro-
phie des membres.* M. P... de B..., propriétaire,
âgé de vingt-sept ans, d'un tempérament sanguin,
d'une constitution assez forte, vint aux Eaux de
Bourbonne en 1839 pour une atrophie considérable des quatre membres avec ankylose incomplète des articulations radio-carpiennes et
tibio-tarsiennes ; il existait en outre une forte
rétraction des doigts et des orteils. A son arrivée,
ce malade ne pouvait se servir de ses mains ; la
marche et la station étaient impossibles. Le traitement de cette affection qui était survenue à
la suite de sueurs répercutées, avait consisté en

bains, en cataplasmes émolliens, en frictions avec divers linimens narcotiques ; mais tous ces agens thérapeutiques ne lui avaient procuré aucun avantage réel. M. P... fit d'abord une première saison, à la fin de laquelle on n'observa aucun changement appréciable ; mais il n'en fut pas de même de la seconde, pendant laquelle le malade marcha rapidement vers la guérison. Au départ, les mains et les pieds étaient revenus presque entièrement à leur état normal, la marche était assez facile.

Quoique je n'aie obtenu nuls renseignemens ultérieurs, j'ai cependant lieu de croire que la guérison n'a pas tardé à devenir complète.

XVe OBSERVATION.

Ulcères. F.., de B... (Oise), âgé de cinquante-sept ans, d'un tempérament lymphatique, d'une forte constitution, reçut un coup, il y a six ans, à la partie interne et supérieure de la jambe gauche. Bientôt les parties contuses devinrent le siége d'ulcères atoniques et fistuleux, qui, malgré les tisanes dépuratives, malgré la compression, les pommades et les baumes, faisaient sans cesse de nouveaux progrès, lorsque l'usage des Eaux de Bourbonne vint fort à propos arrêter leurs ravages : deux saisons et demie, entrecoupées de repos, suffirent pour déterminer la guérison.

XVIe OBSERVATION,

Rhumatisme articulaire. M. L..., ancien militaire, âgé de cinquante-huit ans, d'un tempérament sanguin, d'une constitution forte, était atteint, depuis sept ou huit ans, de douleurs rhumatismales chroniques qui occupaient particulièrement les articulations des épaules et du bras, et qui reconnaissaient probablement pour cause l'action prolongée du froid humide auquel M. L... s'était trouvé exposé comme militaire. Les mouvemens des articulations étaient très difficiles. On avait employé, avant l'usage des Eaux, évacuations sanguines, vésicatoires, boissons délayantes, diaphorétiques, préparations anti-arthritiques, et tout cela sans succès. A son départ de Bourbonne où il prit quarante-deux bains et trente-six douches, ce malade éprouvait un soulagement considérable et avait entièrement recouvré la liberté des mouvemens; il m'a fait savoir depuis, que sa guérison ne s'était pas démentie.

XVIIe OBSERVATION.

Rhumatisme de la région lombaire et du bras droit. M M..., de Paris, négociant, âgé de qua-

rante-et-un ans, d'un tempérament lymphatique
sanguin, d'une constitution assez forte, éprouvait des douleurs rhumatismales, occupant principalement la région lombaire et le bras droit,
et s'étendant aussi parfois aux autres articulations
des membres. Ces douleurs, déjà très anciennes,
se sont considérablement aggravées depuis six
mois, et ont résisté aux ventouses, à la pommade
de Gondret et à l'usage endermique de la morphine. Arrivé à Bourbonne en 1836, il fait usage
des Eaux en bains et en douches; la première
saison ne procura nul soulagement, mais la seconde produisit des résultats si avantageux que
le malade quitta Bourbonne dans un état très
satisfaisant, et fut complétement guéri quelques
mois plus tard.

XVIIIe OBSERVATION.

Gastro-entérite chronique. Mademoiselle D...,
âgée de trente-quatre ans, d'un tempérament
lymphatique nerveux, d'une constitution délicate, atteinte de gastro-entérite chronique, suite
de plusieurs affections gastro-intestinales de nature catarrhales dont la malade a éprouvé les
premiers symptômes il y a quatre ans, époque à
laquelle les règles ont cessé de paraître. — Traitement antérieur : sangsues, Eaux de Vichy fac-

tices, ferrugineux, *teinture aqueuse* de rhubarbe, etc. — Usage des Eaux de Bourbonne en boisson, en bains et en douches sur les extrémités inférieures pendant trente jours.

Au départ, très grande amélioration, digestions plus faciles et plus promptes, ventre plus libre, sommeil meilleur, état général très satisfaisant. Quelques mois après, les effets consécutifs se sont fait remarquer par une guérison complète.

XIXe OBSERVATION.

Épuisement par suite d'excès vénériens et d'abus de médicamens antisyphilitiques. M. B..., propriétaire, âgé de vingt-six ans, d'un tempérament lymphatique, d'une constitution délicate, éprouvait depuis deux ans et demi une asthénie considérable du système musculaire, des douleurs vagues, des maux de tête fréquens et opiniâtres, qu'il rapportait à des accès vénériens et à plusieurs maladies syphilitiques, mais qui pouvaient aussi dépendre de l'abus de préparations mercurielles. Deux saisons prises en boissons, bains et douches, pendant l'année 1841, déterminèrent dans l'état de ce malade une amélioration remarquable qui se prononça chaque jour davantage, et procura bientôt une guérison ra-

dicale, ainsi que je l'appris par une lettre de
1842.

XXe OBSERVATION.

Coxalgie., commencement de luxation spontanée.
M. B... de Ch..., propriétaire, âgé de quarante-
cinq ans, d'un tempérament sanguin, d'une constitution forte, était atteint d'une inflammation
de l'articulation coxo-fémorale droite, caractérisée par des douleurs violentes dans cette région,
un allongement du membre d'environ trois
centimètres, et une rétraction légère des fléchis-
seurs. Cette affection, datant de quatre années,
était attribuée par le malade à des fatigues excessives provoquées par la chasse et à des supres-
sions de sueurs ; elle avait été combattue par des
sangsues, des saignées, des vésicatoires, des linimens, des topiques de différens genres, des bains
simples, et en dernier lieu par trois cautères.
Deux saisons, faites pendant l'année 1840, en
boisson, en bains et en douches, déterminèrent
une grande diminution dans les douleurs et une
facilité de se soutenir sur le membre malade que
M. B... n'avait jamais éprouvée depuis le début
de sa maladie.

Des renseignemens, indirects, il est vrai,

m'ont appris ultérieurement que ce malade était entièrement rétabli et marchait sans claudication.

XXIe OBSERVATION.

Fièvre intermittente. M. D..., âgé de vingt-huit ans, d'un tempérament sanguin nerveux, d'une constitution assez forte, éprouvait depuis quatre ans des accès de fièvre périodique, caractérisés par le stade de froid d'une durée de cinq heures, suivi de chaleurs et de sueurs qui duraient autant. On avait en vain combattu cet état par le sulfate de quinine et par diverses autres préparations de quinquina. — A l'arrivée de M. D... à Bourbonne, le stade de froid était remplacé par un sentiment de malaise; celui de chaleur continuait à avoir lieu très régulièrement à quatre heures du matin. Une saison des Eaux prises en boisson et en bains, aidée par l'usage du sulfate de quinine, détermina une amélioration notable dans l'état général du malade et une guérison radicale de cette affection périodique.

XXIIe OBSERVATION.

Aménorrhée avec chlorose. Mademoiselle V... A... de B..., âgée de dix-huit ans, d'une constitution délicate, vint en 1839 à Bourbonne, étant depuis plusieurs années dans un état chlorotique caractérisé par l'absence des règles, la décoloration du sang, la pâleur de la face, des gencives et de la langue, l'inappétence et l'atonie du système musculaire. Cette maladie, qui était accompagnée de douleurs névralgiques et erratiques, fixées plus particulièrement sur les muscles de la poitrine et des membres supérieurs, avait été combattue par l'emploi de préparations de fer solubles, telles que le lactate et le sulfate. L'Eau thermale en boisson, quarante bains, trente douches sur les reins et sur les extrémités inférieures, déterminèrent une amélioration qui s'accrut de jour en jour, à tel point que, trois mois après le départ de Bourbonne, les douleurs avaient disparu, le sang était coloré, enfin la guérison était complète.

XXIIIe OBSERVATION.

Sciatique. M. L.... Ch... de S..., propriétaire, âgé de trente-cinq ans, d'un tempérament nerveux, d'une constitution forte, vint aux Eaux, en 1840, pour une névralgie sciatique du côté droit, dont les premiers symptômes dataient de six années au moins, mais qui s'était si fort aggravée depuis cinq mois, que le malade ne marchait plus et souffrait horriblement pendant la nuit. Antérieurement aux Eaux, on avait em-

ployé sans succès les sangsues, les vésicatoires,
l'acétate de morphine par la méthode endermique, etc., etc. Avant de commencer le traitement
par les bains et les douches, je fis appliquer de
nombreuses ventouses scarifiées qui produisirent une amélioration notable. Au départ, et
après deux saisons, M. L... ne souffrait plus,
marchait avec assez de facilité, et deux mois plus
tard la guérison était entière.

XXIVe OBSERVATION.

Ankylose incomplète, suite de fractures. F... M...
de B... (Yonne), âgée de quarante ans, manou-
vrière, d'un tempérament sanguin lymphatique,
d'une constitution forte, vint à Bourbonne-les-
Bains, en 1838, prendre les Eaux pour une ankylose incomplète de l'articulation radio-car-
pienne et des articulations carpo-phalangiennes,
survenue à la suite d'une fracture des deux os de
l'avant-bras, produite par une chute faite sur la
main. Il y avait impossibilité de fléchir les doigts
et le poignet; la main paraissait atrophiée. Le
traitement antérieur de cette affection avait été
d'abord celui de la fracture, ensuite des frictions
avaient été faites avec des pommades résolutives
de divers genres.—Un an après l'accident, usage
des Eaux en bains et en douches pendant deux

saisons; au départ, amélioration notable.—Cette malade revint l'année suivante prendre deux saisons qui complétèrent sa guérison.

XXVe OBSERVATION.

Ankyloses, suite de chute. E... F... de J... (Côte-d'Or), âgée de quarante-six ans, d'un tempérament sanguin, d'une constitution forte, présente un engorgement de l'articulation tibio-tarsienne droite avec ankylose complète, suite d'une chute sur les pieds, de huit mètres de hauteur, que le malade a faite il y a neuf mois. Il existe une grande difficulté dans la progression; les variations de l'atmosphère déterminent des douleurs dans les parties lésées. Le traitement antérieur s'est composé de sangsues, de bains émolliens, de fomentations avec le vin aromatique et de frictions avec l'huile camphrée. L'usage des Eaux en bains et en douches pendant deux saisons de vingt-et-un jours, fit diminuer l'engorgement et rendit les mouvemens plus libres. Cette amélioration faisant des progrès après le départ, procura bientôt une guérison complète sans difformité et sans claudication.

XXVIe OBSERVATION.

Paralysie des membres, suite de convulsions. B..., fils d'un journalier, âgé de cinq ans, d'un tem-

pérament lymphatique, d'une constitution délicate, vint prendre les Eaux contre une paralysie des quatre membres, particulièrement du
bras gauche. On observait en outre chez ce malade une déviation légère de la colonne vertébrale. Ces affections s'étaient développées à la
suite de convulsions qui avaient eu lieu quelques mois après la naissance de cet enfant dont
l'état de santé était d'ailleurs dans de bonnes conditions. Le traitement antérieur avait été nul. —
Vingt-et-un bains, dix-huit douches avaient déterminé au moment du départ une amélioration
réelle, les mouvemens de la jambe gauche étaient
plus faciles et plus étendus.

Je n'ai point eu de renseignemens ultérieurs,
mais l'amélioration rapide qui s'est manifestée
me fait croire que cet enfant eût obtenu une
guérison complète, s'il eût continué l'usage des
Eaux, ou s'il fût revenu faire une nouvelle saison
les années suivantes.

XXVIIe OBSERVATION.

Paralysie, rétraction des orteils. Mademoiselle
G... S... de F..., âgée de trente ans, d'un tempérament sanguin nerveux, d'une constitution délicate, est atteinte d'une rétraction des orteils,
suite d'une maladie due à la suppression des rè-

gles. Cette affection , qui a duré huit mois , et pendant le cours de laquelle tout le corps avait été *pour ainsi dire entièrement* paralysé, était probablement une myélite. Les règles ne sont pas encore rétablies, la marche est difficile et ne peut s'effectuer qu'à l'aide de béquilles. Dans le traitement antérieur à l'usage des Eaux, on a employé les saignées, les sangsues, les purgatifs, la strychnine, les frictions, les vésicatoires, etc., etc. — Cette maladie, qui n'avait pas cédé à une foule de médicamens énergiques, disparut complétement après deux saisons de bains et de douches.

XXVIIIe OBSERVATION.

Plaie d'arme à feu. L... L..., domestique, âgé de vingt-et-un ans, d'un tempérament nerveux, d'une constitution assez délicate, reçut, en 1836, dans le côté gauche de la poitrine, entre la septième et la huitième côte, une balle qui aurait, suivant le dire du malade et des médecins, traversé la poitrine de part en part. Depuis cet accident, il existe une plaie fistuleuse qui a résisté à plusieurs agens thérapeutiques dirigés contre elle.—Pendant le séjour aux Eaux des cataplasmes de farine de lin, quarante-deux bains, trente douches en arrosoir avaient, au départ, tari la suppuration, fermé la fistule; la guérison était entière.

XXIXe OBSERVATION.

Ostéite avec ulcérations. M. T... de C..., âgé de vingt-six ans, d'un tempérament lymphatique, d'une constitution faible, arrive à Bourbonne dans l'état suivant : Ostéite de presque toutes les articulations, difficulté de marcher et de se servir des membres supérieurs, ulcérations existant sur les tégumens de plusieurs articulations, digestion difficile, légère diarrhée, amaigrissement considérable. On avait employé à l'intérieur contre cette affection qui existait depuis deux ans, le chlorhydrate de baryte, plusieurs préparations d'iode et les amers; à l'extérieur, les hypochlorites (chlorure) de chaux et de soude, sans résultats avantageux.

Après quarante bains, trente-deux douches et l'usage des Eaux prises en boisson pendant six semaines, le malade partit de Bourbonne dans un état d'amélioration remarquable. Depuis, j'ai appris sa guérison.

XXXe OBSERVATION.

Tuméfaction de la jambe et du genou droits. M. C... P... de F..., propriétaire, âgé de quarante-

7

quatre ans, d'un tempérament sanguin lymphatique, d'une constitution forte, est atteint d'une
tuméfaction de la jambe et du genou, accompagnée de douleurs assez vives dans les parties affectées. Les mouvemens du genou sont très difficiles et très bornés. Cette maladie, dont la cause
et la nature sont difficilement appréciables, date
de trois années. — Traitement antérieur : sangsues, cataplasmes, fomentations émollientes,
pommade résolutive, etc. L'usage des Eaux en
boisson, en bains et en douches, pendant trois
saisons de vingt-et-un jours, fit disparaître la tuméfaction et rendit les mouvemens plus faciles.
Des renseignemens ultérieurs m'ont appris que
ce malade était entièrement guéri.

XXXIe OBSERVATION.

Rhumatismes musculaires. M. M..., âgé de
soixante-trois ans, d'un tempérament lymphatique sanguin et d'une constitution forte, éprouvait depuis longues années des douleurs rhumatismales vagues qui se portaient spécialement sur
les membres du côté droit, sur les muscles tho-
raciques, et qui reconnaissaient pour cause les
fatigues militaires. Ce malade n'avait jamais fait
aucun traitement. Les Eaux furent prises pendant deux saisons. Les douleurs disparurent pres-

que entièrement pendant le séjour à Bourbonne, et lorsque le malade revint l'année suivante faire usage des Eaux pour empêcher le retour de cette affection rhumatismale, la guérison était complète.

Nuls renseignemens ultérieurs.

XXXIIe OBSERVATION.

Rhumatisme. Th... N..., journalier, âgé de vingt-huit ans, d'un tempérament sanguin, vint en 1837, prendre les Eaux de Bourbonne contre des douleurs rhumatismales pleurodyniques et erratiques existant depuis cinq ans. Après une saison de bains et de douches, Th... se trouva beaucoup mieux, les douleurs des muscles de la poitrine avaient beaucoup diminué. Il revint aux Eaux l'année suivante, fit deux saisons qui le débarrassèrent entièrement de ses souffrances.

XXXIIIe OBSERVATION.

Ostéite chronique. Madame B... de M... (Haute-Saône), âgée de vingt ans, d'un tempérament lymphatique, d'une constitution primitivement assez forte, mais actuellement détériorée, souffre depuis deux ans de l'articulation tibio-tarsienne qui est maintenant le siége d'une tumeur blanche, accompagnée d'une ankylose à-peu-près

7.

complète et de deux plaies fistuleuses qui ont succédé à l'ouverture d'un abcès. — Traitement antérieur : Sirop antiscorbutique, décoction et vin de quinquina à l'intérieur et en fomentations, tisanes dépuratives, préparations d'iode, etc., etc.

L'usage des Eaux thermales en boisson, en bains, en douches, pendant quarante-cinq jours, détermina une amélioration notable et la cicatrisation d'une des fistules ; quatre mois après le départ, l'action consécutive des Eaux avait procuré une guérison complète de l'ankylose.

XXXIVe OBSERVATION.

Scrofules , aménorrhée. Mademoiselle Ch.... de D..., âgée de seize ans, d'un tempérament lymphatique sanguin, d'une constitution assez forte, était affectée depuis deux ans d'un engorgement scrofuleux des ganglions lymphatiques du cou, dont la cause était attribuée aux difficultés de l'établissement de la menstruation. Avant de venir aux Eaux, cette jeune malade avait fait usage de diverses préparations d'iode à l'intérieur et à l'extérieur. Deux saisons en boisson , en bains et en douches, produisirent une amélioration notable dans l'engorgement, et firent paraître les règles.

J'ai appris que deux mois après son départ, mademoiselle Ch... était entièrement guérie, l'adénite cervicale n'existait plus.

XXXVe OBSERVATION.

Engorgement sous - maxillaire. Mademoiselle G... de F..., âgée de vingt-deux ans, d'un tempérament lymphatique, d'une constitution molle, bien réglée, vit disparaître, après deux saisons d'Eaux thermales prises en boisson, en bains et en douches, un engorgement des ganglions lymphatiques sous-maxillaires des deux côtés qui avait été déterminé par des refroidissemens, et qui avait résisté depuis six ans à l'usage interne et externe des préparations iodurées, à l'application d'emplâtres résolutifs de ciguë et de gomme ammoniaque, etc., etc.

Cette guérison s'est soutenue depuis son départ de Bourbonne, et les renseignemens que j'ai eu occasion d'obtenir m'ont appris que son médecin croyait à une guérison complète.

XXXVIe OBSERVATION.

Atrophie de la jambe, suite d'entorse. G... A..., ancien militaire, d'un tempérament sanguin, d'une constitution forte, est affecté, par suite d'une entorse qui date de quatre ans, d'une grande faiblesse de l'articulation tibio-tarsienne droite et d'une atrophie considérable de la jambe malade. La claudication est très prononcée et la marche ne s'effectue qu'avec douleur et difficulté. Cette affection est restée stationnaire depuis trois ans, malgré l'emploi des sangsues, des cataplasmes, des linimens, des fomentations toniques, des moxas, etc., etc. — Une saison, prise en 1837, soulagea le malade et augmenta le volume de la jambe : en 1838, deux saisons de bains de pieds, de grands bains et de douches, le guérirent complétement.

XXXVIIe OBSERVATION.

Hémiplégie. M. F... C..., âgé de trente ans, d'un tempérament sanguin et d'une constitution assez forte, vint à Bourbonne, en 1837, faire usage des Eaux contre une hémiplégie du côté droit, caractérisée par la faiblesse du membre inférieur, la paralysie du bras et la difficulté de la prononciation. Cette affection, qui datait d'une année et qui était le résultat d'une commotion cérébrale occasionnée par une chute de cheval, avait été combattue par les saignées, les sangsues, un vésicatoire sur le cou, les purgatifs, etc.

Deux saisons de bains et de douches, précédées

d'une saignée que la plénitude du pouls réclamait, produisirent de suite une amélioration remarquable. L'année suivante, la guérison était presque complète lorsque le malade revint à Bourbonne. Depuis cette époque je n'ai point eu de renseignemens.

XXXVIIIe OBSERVATION.

Hypertrophie de la rate. M. G... de N..., d'un tempérament bilieux, atteint d'un engorgement de la rate, suite d'une fièvre intermittente périodique qui a duré onze mois, fait usage des Eaux thermales en boisson, en bains et en douches légères sur l'hypochondre gauche pendant quarante-cinq jours. Après ces deux saisons, l'amélioration était remarquable, et deux mois après le départ le malade était guéri.

XXXIXe OBSERVATION.

Cardialgie. Mademoiselle B... de M..., âgée de trente-sept ans, d'un tempérament nerveux bilieux, éprouvant depuis quatorze ans de la dyspepsie, des douleurs à l'épigastre, des pulsations à la même région, etc., était venue, en 1831, faire usage de l'Eau thermale en bains et en boisson. Depuis lors la maladie était considérablement diminuée. Une nouvelle saison, prise en 1837,

procura une guérison complète. Nuls renseignemens ultérieurs.

XLe OBSERVATION.

M. Cl... B..., négociant, âgé de trente-huit ans,
d'un tempérament lymphatique sanguin, d'une
constitution forte, éprouvait des douleurs pro-
fondes et continuelles dans la partie antérieure des deux jambes et des régions tarsienne;
du reste, on ne remarquait pas de gonflement et
la pression n'était pas douloureuse. Cette affection, qui datait de deux mois et était la suite de
l'action prolongée du froid, avait été traitée inutilement par les saignées générales et locales, les
vésicatoires placés au-dessus de la malléole interne et saupoudrés d'acétate de morphine, les
topiques anodins, etc., etc. L'usage des bains et
des douches pendant deux saisons, dissipa presque entièrement les douleurs, facilita les mouvemens et rendit la force aux extrémités inférieures. Trois mois après le départ, la guérison était
achevée.

XLIe OBSERVATION.

Vomissemens chroniques. D... Cath..., âgée de
cinquante ans, d'un tempérament lymphatique,
d'une constitution assez forte, fut atteinte, en
1837, à la suite d'une violente émotion, de vo-

missemens abondans de mucosités blanchâtres et bilieuses, qui persévérèrent pendant cinq à six jours d'une manière continuelle. Depuis lors, jusqu'en 1837, époque à laquelle cette malade vint faire usage des Eaux, elle fut tourmentée de douleurs constantes à l'épigastre et de vomissemens qui se reproduisaient à des intervalles plus ou moins éloignés. Les alimens n'étaient jamais vomis.

Je n'ai point obtenu de renseignemens sur les diverses médications qui avaient été suivies; j'ai su seulement que plusieurs applications de sangsues avaient été faites sur l'épigastre. Après une saison passée aux Eaux de Bourbonne, l'amélioration était notable, et faisait présager un rétablissement complet et prochain. Nuls renseignemens ultérieurs.

XLIIe OBSERVATION.

Paraplégie. C... L... de S..., âgé de trente-cinq ans, d'un tempérament sanguin, d'une constitution très forte, se rendit à Bourbonne en 1838. Il était atteint depuis deux ans d'une légère incontinence d'urine et d'une paraplégie incomplète, qui étaient la suite de fatigues excessives et de refroidissemens; les membres affectés étaient considérablement amaigris. Cette maladie avait résisté à une foule de moyens tels que sangsues, vésicatoires, ventouses, moxas, frictions cantharidées, bains, etc. — Deux saisons, séparées par un repos de cinq jours, et prises en bains et en douches, produisirent chez C... une grande amélioration. Lorsqu'il retourna chez lui, les mouvemens des jambes étaient plus libres et mieux assurés; l'amélioration continua après le départ, et l'année suivante, quand ce malade revint aux Eaux, il marchait beaucoup plus facilement; la paralysie n'existait plus. Il prit encore trente-cinq bains et trente douches qui amenèrent les résultats les plus avantageux. J'ai appris indirectement que ce malade était guéri.

XLIIIe OBSERVATION.

Névralgie fémoro-poplitée. Ch... Jeanne de G..., femme d'un tisserand, âgée de cinquante ans, d'un tempérament lymphatique, d'une constitution forte, ressentait depuis deux ans des douleurs violentes au cou, à la tête et dans presque toutes les articulations, mais spécialement le long du nerf sciatique gauche. — Le traitement antérieur s'était borné à l'usage d'un liniment camphré.—En 1834, elle prit à Bourbonne une saison de bains et de douches qui procura de suite une amélioration notable : les douleurs disparurent presque entièrement et les mouvemens furent beaucoup plus libres. Trois mois plus tard la guérison était entière.

XLIVe OBSERVATION.

Rhumatisme articulaire chronique. B... Anne de B..., âgée de vingt-cinq ans, d'un tempérament sanguin, d'une constitution forte, atteinte d'arthrite avec nodosités occupant presque toutes les articulations, a pris, deux années de suite, une saison de vingt bains et de quinze douches ; elle a bu en même temps trois verrées d'Eau thermale par jour. Cette médication lui a procuré de suite un soulagement remarquable : les nodosités sont moins fortes et la marche est devenue plus facile. — Elle a obtenu plus tard une guérison complète.

XLVe OBSERVATION.

Rhumatismes. M. C... de T..., âgé de trente-neuf ans, d'un tempérament sanguin, d'une constitution forte, était en proie depuis trois ans à des douleurs nerveuses rhumatismales presque universelles et si violentes qu'elles forcèrent le malade à renoncer à ses travaux d'entrepreneur de bâtimens. Cette maladie qui était la suite présumée de fatigues et d'alternatives de chaud et

de froid, après avoir résisté aux antiphlogistiques, aux vésicatoires, aux frictions et aux bains
généraux, céda presque entièrement à l'usage des
Eaux en boisson, en bains et en douches pendant quarante jours. Un mois après son départ,
M. C... avait pu reprendre ses travaux.

XLVIe OBSERVATION.

Névralgie du diaphragme. Mademoiselle P...
de D..., âgée de vingt-huit ans, d'un tempérament sanguin lymphatique, était atteinte depuis
sept ou huit ans d'une maladie que son médecin
ordinaire regardait comme une névralgie du
diaphragme. Cette affection présentait des pa-
roxysmes occasionnés par les variations atmo-
sphériques et caractérisés par des étouffemens et
des douleurs extrêmement vives dans la région
diaphragmatique.

Deux saisons procurèrent de suite à mademoiselle P... une grande amélioration qui s'accrut de jour en jour et se termina, trois mois
plus tard, par une guérison complète.

XLVIIe OBSERVATION.

Paraplégie incomplète. L... S... de V..., d'un
tempérament lymphatique, éprouvait depuis
quatre ans, à la région dorsale, des douleurs à la

suite desquelles survint une gibbosité; la progression était impossible sans le secours de béquilles. Cette maladie avait marché avec lenteur et avait été attaquée sans succès par les saignées, les purgatifs, les vésicatoires, les moxas, l'usage des Eaux de Plombières. Une seule saison de bains et de douches, prise à Bourbonne, rendit de la liberté aux mouvemens et produisit dans l'état général une amélioration d'heureux augure.

Nuls renseignemens ultérieurs.

XLVIIIe OBSERVATION.

Arthrite des deux articulations coxo-fémorales. B... C... de M..., cultivateur, agé de soixante-deux ans, d'un tempérament sanguin, d'une constitution forte, était atteint depuis cinq ans d'une arthrite des deux articulations coxo-fémorales. Cette affection, déterminée par des fatigues excessives et des suppressions de sueurs, avait débuté par une vive douleur au talon; cette douleur s'était étendue à la jambe et avait fini par se fixer sur les deux articulations coxofémorales. A son arrivée aux Eaux, B... présentait les symptômes suivans : Écartement des membres inférieurs avec impossibilité de rapprocher les genoux, claudication, amaigrisse-

ment général. — Traitement antérieur : applica-
cations nombreuses de sangsues, linimens,
bains, etc., etc. Les Eaux thermales furent prises
en douches, en bains et en boisson à la dose de
deux verrées, pendant deux saisons et demie.
Au départ l'amélioration était considérable.

J'ai appris depuis que ce malade avait entièrement recouvré l'usage de ses jambes.

XLIXe OBSERVATION.

Hydarthrose. L... de C..., ouvrier, âgé de vingt
ans, d'un tempérament lymphatique sanguin,
d'une constitution assez forte. Il se manifesta chez
ce malade, en 1833, à la suite d'un coup reçu sur
le genou, un gonflement considérable de l'articulation. Depuis cette époque la marche est difficile, et on remarque sur l'articulation fémoro-
tibiale une tumeur offrant de la fluctuation et de
la résistance. Cette affection, qui datait de trois
années et contre laquelle on avait employé des
sangsues, des vésicatoires, des bains et des fomentations aromatiques, fut combattue par l'u-
sage de l'Eau prise en boisson, en bains et en
douches pendant quarante jours. — Au départ
de Bourbonne l'amélioration était notable, et
deux mois plus tard la guérison était complète.

L^e OBSERVATION.

Tumeur blanche des deux genoux. Le nommé O... de J... (Vosges), indigent, âgé de cinquante-six ans, d'un tempérament lymphatique, d'une constitution faible, était atteint dans les articulations fémoro-tibiales, de tumeurs paraissant de nature fongueuse. Les condyles des fémurs étaient gonflés et le genou droit était plus malade que le genou gauche. Cette affection, produite par des sueurs répercutées, remontait à sept années de date. — Le traitement avait été nul avant l'usage des Eaux. Deux saisons, prises en boisson, en bains et en douches, déterminèrent une amélioration remarquable. Au départ les douleurs et le gonflement avaient diminué et la marche était beaucoup plus facile.

Nuls renseignemens ultérieurs.

LIe OBSERVATION.

Plaie d'arme à feu. P... de G..., âgé de vingt-sept ans, d'un tempérament sanguin lymphatique, d'une constitution assez forte, reçut, à la fin de l'année 1836, un coup de fusil chargé avec de la petite fonte, dans la partie antérieure et moyenne de la jambe droite. Il y eut fracture comminutive des os et déchirure d'une artère. En 1838, à son arrivée aux Eaux, P... ne pouvait appuyer sur le sol sa jambe, qui était dans un état d'atrophie considérable : les mouvemens des orteils étaient impossibles. Après deux saisons de bains et de douches, le malade marchait sans béquilles et faisait mouvoir ses orteils avec assez de facilité.

Nuls renseignemens ultérieurs.

LIIe OBSERVATION.

Paralysie de l'extrémité inférieure droite. Le nommé B... de C..., cultivateur, âgé de dix-sept ans, d'un tempérament nerveux lymphatique, d'une constitution grêle, ressentait depuis deux années une faiblesse notable dans le membre inférieur droit qui était dans un état de maigreur très prononcé. B... commença l'usage des Eaux en boisson, en bains et en douches à la fin du mois de juillet 1837, et cette affection, qui du reste n'avait été soumise jusque-là à aucun traitement énergique, avait, un mois plus tard, éprouvé une grande amélioration ; la faiblesse avait presque entièrement disparu, l'atrophie était diminuée et le malade marchait avec assez de facilité.

Je n'ai point eu de renseignemens ultérieurs.

LIIIe OBSERVATION.

Paralysie du bras droit. Madame C... de T..., âgée de cinquante-et-un ans, d'un tempérament bilieux nerveux, d'une constitution délicate, eut une paralysie du bras droit à la suite d'un délire diagnostiqué de nature nerveuse par le médecin qui lui donnait des soins. A son arrivée aux Eaux, qui eut lieu huit mois après cet accident, la malade était presque dans l'impossibilité de se servir de ce membre. Deux saisons de vingt-et-un jours déterminèrent une guérison presque complète de cette affection contre laquelle on avait employé sans succès les frictions, les vésicatoires, la strychnine, etc.

Je n'ai eu aucun renseignement sur cette dame, depuis son départ de Bourbonne.

LIVe OBSERVATION.

Gastrite chronique. Mademoiselle D... M... de L..., âgée de trente-six ans, d'un tempérament sanguin, d'une constitution forte, présentait à son arrivée aux Eaux les symptômes suivans : Digestion difficile, amaigrissement, douleurs intestinales à la région épigastrique, surtout après le repas, langue légèrement rouge et pointillée à l'extrémité. Cette maladie, existant depuis cinq ans, avait été traitée par les antiphlogistiques, les exutoires, les infusions aromatiques et amères. Une saison de bains et de douches reçues sur les extrémités, l'Eau thermale en boisson à la dose d'une verrée coupée avec du lait avaient, au départ, rendu les digestions plus faciles et les douleurs beaucoup moins vives.

Des renseignemens ultérieurs m'ont appris que mademoiselle D... était guérie.

LVe OBSERVATION.

Affection des voies digestives. M. R...., propriétaire, âgé de trente ans, d'un tempérament sanguin, d'une constitution forte, se plaignait de dyspepsie, de malaise épigastrique immédiatement après le repas, et de débilité générale avec atonie plus prononcée des lombes et des membres inférieurs qui étaient aussi le siége de douleur légère et d'une sensation de froid. Les premiers symptômes de cette affection qui avait été déterminée par des excès d'onanisme, dataient de six ans lorsque le malade vint aux Eaux en 1839.

Le traitement antérieur à l'usage des bains de Bourbonne avait consisté d'abord en un régime lacté, en décoctions et infusions émollientes ou aromatiques, en lavemens, etc.; plus tard, en un régime tonique qui paraît avoir mieux réussi.

Deux saisons de boisson, de bains et de douches, de la durée de vingt-et-un jours, déterminèrent l'augmentation des forces et la diminution des douleurs. Quatre mois après le départ, guérison complète.

LVIe OBSERVATION.

Hémiplégie. M... L..., âgé de trente-cinq ans, d'un tempérament sanguin, d'une constitution forte, le lendemain d'un violent accès de colère, fut atteint d'une congestion cérébrale avec perte de connaissance et hémiplégie du côté droit. A son arrivée à Bourbonne, trois mois après l'accident, marche assez difficile dans laquelle la jambe est jetée en dehors, bras très faible, parole légèrement embarrassée. Avant le traitement par les Eaux administrées en boisson, en bains et en douches, pendant deux saisons, on avait employé les saignées, les sangsues, les vésicatoires, la strychnine à l'intérieur, sans amélioration notable. Au départ de Bourbonne, la marche était plus facile, le bras plus fort.

Renseignemens ultérieurs : guérison presque complète.

8.

LVIIe OBSERVATION.

Myélite chronique. La fille D... G... de C...,
femme de journée, âgée de trente ans, d'un tempérament lymphatique sanguin, d'une constitution faible, fait une chute quinze mois avant de
venir aux Eaux. Immédiatement après cet accident, douleurs à la nuque, convulsions, engourdissement des membres et douleurs générales
qui persistent jusqu'à son arrivée à Bourbonne.

Deux saisons prises consécutivement font disparaître presque complétement ces différens
symptômes de la congestion de la moelle épinière. Trois mois après, j'ai appris indirectement
que cette malade était entièrement guérie.

LVIIIe OBSERVATION.

Paralysie. T... de T..., maçon, âgé de quarante-cinq ans, d'un tempérament lymphatique
sanguin, d'une constitution forte, éprouva, à la
suite d'une chute, une paralysie incomplète des
bras avec sensation d'engourdissement. Il existe
encore chez ce malade d'autres lésions qui reconnaissent une cause traumatique et s'accompagnent de douleurs : ce sont une ankylose du
genou gauche et une grande raideur dans les
mouvemens de l'épaule du même côté.

Deux saisons de bains et de douches ont déterminé une très grande amélioration. Au départ

de Bourbonne, le malade, qui à son arrivée aux Eaux ne pouvait se servir de ses bras, jouissait dans ces parties d'une assez grande liberté de mouvemens.

Nuls renseignemens ultérieurs.

LIXe OBSERVATION.

Carie de l'omoplate. M... B... F... de B..., d'un tempérament sanguin, d'une constitution athlétique, âgé de trente-cinq ans, se fractura dans une chute la clavicule gauche. Bientôt survint dans la région de l'omoplate un abcès déterminé par la carie de cet os : la sonde rencontrait une surface dénudée de son périoste, rugueuse dans l'étendue de trois centimètres. Une suppuration abondante et sanieuse noircissait le linge. En 1838, ce malade prit à Bourbonne une saison qui produisit une grande amélioration. Il revint en 1839; alors la suppuration était tarie, la carie n'existait plus , et les parties primitivement affectées étaient seulement le siége d'un peu de gêne et de douleurs qu'une nouvelle saison fit disparaître.

Nuls renseignemens ultérieurs.

LXe OBSERVATION.

Rhumatisme. Madame Ch... de S..., âgée de quarante ans, d'un tempérament sanguin lymphatique, d'une constitution forte, était affectée depuis six mois de douleurs rhumatismales, attribuées à des refroidissemens et fixées sur les deux bras, particulièrement sur le droit; les mouvemens étaient difficiles et bornés. Il y avait impossibilité de serrer les objets avec la main droite.

Cette malade, qui avait inutilement eu recours aux sangsues, aux saignées, aux vésicatoires, fut parfaitement guérie deux mois après son départ de Bourbonne où elle avait pris deux saisons qui n'avaient procuré d'abord aucun soulagement.

LXIe OBSERVATION.

Tumeur blanche. B... Ch... de C..., cordonnier, âgé de vingt-sept ans, d'un tempérament sanguin nerveux, d'une constitution forte, vint aux Eaux en 1835 avec une ostéite du genou gauche, déterminée par un coup de serpe reçu au-dessus de la rotule deux ans auparavant. La flexion du membre était impossible, et chaque mouvement de la jambe déterminait des douleurs intenses dans le genou qui était énormément tuméfié, et qui présentait une plaie fistuleuse à sa partie interne. — La réunion immédiate des lèvres de la plaie, de nombreuses applications de sangsues, l'usage de divers linimens avaient composé le traitement, lorsque le malade vint prendre, en 1835, deux saisons dont il obtint de suite un changement favorable; trois mois après son départ, la fistule se cicatrisa, et la guérison était presque complète après une nouvelle saison qu'il prit en 1836.

Nuls renseignemens ultérieurs.

LXIIe OBSERVATION.

Cérébro-myélite avec paralysie des extrémités inférieures. Mademoiselle P... de D..., âgée de vingt-six ans, d'un tempérament lymphatique et d'une constitution assez forte, présentait les symptômes d'une asthénie générale du système nerveux, paraissant dater de dix-huit mois environ. Difficulté extrême d'exprimer une idée; parole lente et embarrassée; air d'hébétude; céphalalgie avec embarras cérébral; douleurs vagues; locomotion pénible, etc., etc.; accès pendant lesquels tout mouvement était impossible (paralysie des extrémités inférieures); suppression des règles depuis neuf mois. Une foule de moyens qu'il serait trop long d'énumérer avaient été employés avant l'usage des Eaux.

Au départ, et après deux saisons prises en bains, en douches et en boisson, on remarquait une augmentation notable des forces ; les règles avaient reparu.

Depuis, j'ai appris indirectement que cette demoiselle était guérie.

LXIIIe OBSERVATION.

Entorse. M. G..., âgé de trente-deux ans, d'un tempérament sanguin, d'une constitution très forte, eut une entorse de l'articulation tibio-astragalienne gauche, par suite d'une chute faite vingt-trois mois avant son arrivée à Bourbonne. La jambe s'était atrophiée et l'articulation était toujours restée excessivement faible; la marche était impossible sans les béquilles. On avait employé contre cette affection les sangsues, les cataplasmes émolliens, les fomentations toniques, etc., etc. — M. G... fit usage des Eaux, en 1840, pendant deux saisons qui déterminèrent des résultats très avantageux.

Des renseignemens ultérieurs m'ont fait connaître que ce malade ne présentait aucune claudication.

LXIVe OBSERVATION.

Fracture de la jambe. Madame M... de P..., âgée de cinquante-huit ans, d'un tempérament lymphatique et d'une constitution forte, se fractura le tibia il y a cinq ans. Six mois après cette lésion, dont la marche avait été régulière, elle heurta du pied un corps résistant et ressentit en même temps dans le siége de la fracture et dans le genou une douleur excessivement vive, qui persista depuis ce moment malgré les soins les plus rationnels. Lorsque madame M... vint à Bourbonne, la pression la plus légère sur l'extrémité des fragmens déterminait de la douleur, la claudication était très prononcée, la progression était pénible et ne pouvait se continuer sans repos au-delà d'une centaine de pas. — Deux saisons firent disparaître presque complétement cette affection.

Point de renseignemens ultérieurs.

LXVe OBSERVATION.

Rhumatisme articulaire. M. T..., âgé de trente-huit ans, d'un tempérament lymphatique nerveux, d'une constitution forte, est atteint depuis deux ans d'une arthrite presque générale, avec tuméfaction et douleurs des parties affectées, nodosités légères, mouvemens difficiles et bornés. Cette maladie qui a résisté aux saignées, aux sangsues, aux frictions, aux bains sulfureux, etc., cède à l'usage interne de l'Eau thermale secondée par l'administration de quarante douches et de quarante-deux bains.

LXVIe OBSERVATION.

Catarrhe vésical. M. F..., négociant, d'un tempérament sanguin, d'une constitution délicate, était atteint depuis plusieurs années d'une affection de la vessie, dont les principaux symptômes étaient des douleurs assez vives à l'extrémité de la verge, survenant principalement pendant la nuit et après les repas, des envies fréquentes d'uriner, des urines troubles et laissant déposer des matières épaisses, blanchâtres, semblables à du pus. —Cette maladie, contre laquelle on avait employé les Eaux de Vichy artificielles, les saignées, les sangsues à l'anus, etc., disparut complétement par l'usage des Eaux de Bourbonne prises, pendant quarante-cinq jours, en bains et en boisson coupées avec du lait et de la tisane de chiendent.

Nuls renseignemens ultérieurs sur ce malade.

LXVIIe OBSERVATION.

Gastralgie. M. P..., doué d'un tempérament sanguin lymphatique et d'une constitution forte, était tourmenté depuis plusieurs années par des douleurs d'estomac qui n'augmentaient point par la pression, se faisaient sentir particulièrement le matin à jeun, diminuaient sous l'influence des infusions prises chaudes, et avaient résisté aux rubéfians, aux topiques émolliens, aux antispasmodiques de toute espèce. — Cette affection, si rebelle aux traitemens antérieurs, disparut en vingt jours par l'administration de l'Eau thermale à la dose de deux verrées, le matin à jeun.

LXVIIIᵉ OBSERVATION.

OEdème du pied droit. Le nommé B... Ch..., âgé de trente-cinq ans, d'un tempérament lymphatique, avait depuis quatre ans, au pied droit, un engorgement œdémateux qui, sans être douloureux, déterminait cependant un peu de gêne, et avait résisté à divers traitemens.

Après quarante jours de bains et de douches, la guérison était parfaite.

LXIXᵉ OBSERVATION.

Syphilide. M. C..., voyageur de commerce, âgé de trente-cinq ans, d'un tempérament lymphatique, d'une assez forte constitution, avait contracté, six ans avant de venir aux Eaux, un chancre syphilitique qui disparut après trois semaines de traitement antiphlogistique et de topiques émolliens, hydrargyrés, etc. — Une année plus tard, il survint des végétations à l'anus et des tubercules plats sur diverses parties du corps; les

accidens consécutifs cédèrent à l'action des mer-
curiaux secondés par la tisane sudorifique de
salsepareille et de gayac. Mais le principe syphilitique persistait à l'état latent et il se manifesta
successivement un rupia, des tubercules, une
exostose, etc., qu'on combattit par le mercure, le
chlorure d'or, les bains de vapeurs, etc., toujours
sans obtenir de guérison radicale.— A son arrivée aux Eaux, M. C... présentait encore l'exostose
dont il a été question, plus deux tubercules sur
les lèvres et une ulcération du voile du palais. —
Les pilules de Sédillot, la tisane concentrée de
salsepareille et quarante bains d'Eau thermale
guérirent entièrement ce malade que nous avons
eu occasion de rencontrer plusieurs fois depuis
son départ de Bourbonne.

LXXe OBSERVATION.

Rhumatisme musculaire, *lumbago*, M. de M...,
de Paris, âgé de soixante ans, ancien colonel,
d'un tempérament sanguin, atteint chaque hiver
de lumbago extrêmement douloureux qui le met-
tait dans l'impossibilité de faire le moindre mouvement, prit vingt bains et vingt-cinq douches,
qui prévinrent le retour de cette affection.

LXXIe OBSERVATION.

Paralysie incomplète des membres et des nerfs optiques. M. B... de C..., âgé de trente-deux ans, propriétaire-cultivateur, d'un tempérament lymphatique sanguin, d'une constitution très forte, faisant depuis long-temps abus des liqueurs alcooliques, était atteint depuis plusieurs mois de faiblesse considérable, de tremblemens dans les extrémités qui étaient comme paralysées, et d'amaurose incomplète. La médication la plus rationnelle avait été indiquée et suivie sans succès avantageux. — En 1842, ce malade prit à Bourbonne une saison à la fin de laquelle une légère amélioration s'était manifestée; quatre mois plus tard, le docteur R... avait constaté une guérison presque entière qu'il attribuait bien positivement à l'action bienfaisante de nos sources.

LXXIIe OBSERVATION.

Ovarite et métrite chroniques. Madame B..., d'un tempérament nerveux lymphatique, d'une constitution faible, âgée de trente ans, ayant eu deux enfans, fut atteinte d'une inflammation de la matrice et d'un engorgement de l'ovaire droit après le dernier accouchement qui cependant avait été facile. — Quinze mois après le début de la maladie, madame B... obtint sa guérison par l'usage de nos Eaux en bains et en douches pendant deux saisons.

LXXIIIe OBSERVATION.

Leucorrhée. Madame C... de B..., d'un tempérament lymphatique, d'une constitution assez forte, mal réglée, avait depuis longues années un écoulement abondant de flueurs blanches qui la fatiguaient horriblement et avaient déterminé des douleurs très vives à l'estomac. Cette affection, inutilement combattue par un grand nombre de moyens thérapeutiques, donnait de vives inquiétudes à la malade dont la mère avait succombé à une affection utérine. — Madame C..., après avoir pris deux saisons de bains et de douches, quitta Bourbonne dans un état satisfaisant, et fut parfaitement guérie quelques mois après son départ.

LXXIVe OBSERVATION.

Nécrose du fémur. Le jeune M... de S..., âgé de quinze ans, d'un tempérament lymphatique, fut atteint, par suite d'une chute, d'une tuméfaction considérable du genou droit. Malgré le traitement le plus énergique employé dès le début, il survint un abcès dont l'ouverture spontanée se transforma en une fistule par laquelle on s'aperçut facilement que le condyle interne était nécrosé.

Après avoir inutilement employé les préparations d'iode à l'intérieur, les amers, les cautères autour de l'articulation, en un mot tous les moyens généralement conseillés en semblables circonstances, le malade prit à Bourbonne quarante bains et trente-six douches. Ce traitement eut un plein succès : un séquestre sortit, la tuméfaction diminua et la fistule se tarit.

Trois ans plus tard j'ai appris indirectement qu'il n'y avait point eu de récidive.

LXXVe OBSERVATION.

Rhumatisme articulaire, gonflement des sutures du sternum. M. C..., de Paris, ancien militaire, âgé de quarante-huit ans, d'un tempérament lymphatique, ayant eu plusieurs affections vénériennes, était atteint d'un rhumatisme accompagné, surtout la nuit, de douleurs assez vives qui occupaient la plupart des articulations des membres : des nodosités commençantes s'observaient aux doigts, et les sutures du sternum présentaient un gonflement remarquable.

Les Eaux de Bourbonne, dont le malade avait fait usage avec succès quinze ans auparavant pour une syphilide, lui furent conseillés par son médecin, M. le docteur L..., de Paris. Quarante-cinq bains et quarante-deux douches détermi-nèrent la résolution presque complète de cette affection articulaire qui au premier abord avait été jugée grave. — Six mois après le départ de M. C..., j'ai appris que la guérison était com-plète.

LXXVIe OBSERVATION.

Fièvre intermittente. M. B..., âgé de quarante-deux ans, d'un tempérament bilieux, d'une con-stitution forte, propriétaire et habitant une lo-calité où les fièvres périodiques sont endémiques, avait des accès qui se manifestaient tous les soirs à cinq heures, et résistaient depuis huit mois au sulfate de quinine à haute dose et à l'arséniate de soude. — Le sulfate de quinine administré à doses peu élevées, et l'Eau thermale, prise en boisson et en bains pendant une seule saison, déterminèrent une guérison qui ne s'est pas dé-mentie.

LXXVIIe OBSERVATION.

Abus de traitement hydrargyrique. M. D..., voyageur de commerce, âgé de vingt-neuf ans, d'un tempérament sanguin lymphatique et d'une constitution forte, ayant eu plusieurs affections syphilitiques, avait été traité chaque fois par la liqueur de Van-Swieten. Par suite de ce traitement, il fut tourmenté de douleurs sourdes dans les membres, et d'une agitation nerveuse très prononcée; il ressentit un goût métallique persistant et perdit en partie ses cheveux. Il accuse des digestions pénibles, parfois une constipation opiniâtre, d'autres fois une diarrhée abondante qui résistait long-temps aux moyens employés pour la combattre.

Fatigué de cet état qui durait depuis deux ans, il vint faire deux saisons, pendant lesquelles il prit quelques bains et but de l'Eau thermale à petite dose. — Ce traitement eut les résultats les plus heureux, et fut suivi d'une guérison radicale, ainsi que je l'appris de ce malade lui-même dix mois après son départ.

LXXVIIIe OBSERVATION.

Carie du tibia. Le jeune M...., de L...., fils d'un ouvrier en soie, âgé de seize ans, d'un tempérament lymphatique nerveux, s'étant plongé dans l'eau froide pendant qu'il était en sueurs, fut atteint, après divers accidens, d'un abcès qui occupait la partie moyenne et antérieure de la jambe droite, et qui fournit une suppuration

sanieuse assez abondante. Le malade fut envoyé
aux Eaux après dix-huit mois d'un traitement in-
fructueux par les amers, les préparations iodurées à l'intérieur, les bains sulfureux et les douches de vapeur.

A son arrivée, il présentait une fistule dans laquelle j'introduisis une sonde qui rencontra une
surface rugueuse, d'une longueur de 3 centimètres au moins, et d'une largeur de 2 centimètres,
signe certain d'une carie de l'os. Le malade prit
deux saisons, pendant lesquelles il prit quarante
bains, autant de douches, et but chaque matin
à jeun deux verrées d'Eau minérale. Pendant le
traitement, il sortit une très petite esquille. Au
départ, la suppuration était tarie, la fistule était
fermée, en un mot la guérison était complète. J'ai
appris, par une parente du malade, habitant Bourbonne, que cette cure ne s'était pas démentie.

LXXIXe OBSERVATION.

Hépatite chronique. Madame C....... de V......,
âgée de quarante-cinq ans, d'un tempérament
bilieux nerveux, eut une hépatite aiguë accompagnée de vomissemens abondans, qui fut occasionnée par l'ingestion d'eau froide pendant que
le corps était en sueurs, et qui fut combattue
par les saignées, les sangsues, les topiques émol-

liens, les bains simples, les vésicatoires, etc., etc.
Tous ces moyens diminuèrent l'inflammation,
mais ne firent pas disparaître l'engorgement du
foie. A son arrivée aux Eaux, madame C... présentait les symptômes suivans : couleur jaune
verdâtre de la face et de la sclérotique; douleur
obtuse de l'épaule et du bras droit; tuméfaction
de la région du foie, et sensibilité à la pression ;
pouls petit et fréquent.—La malade prit quarante-cinq bains, trente douches, et but chaque
matin deux verrées d'Eau thermale. Pendant
ce traitement, une éruption papuleuse couvrit
tout le corps, et bientôt après les symptômes hé-
patiques diminuèrent. Au départ l'amélioration
était très notable, et deux mois plus tard, madame C... était parfaitement guérie.

LXXXe OBSERVATION.

Ulcère. M. R... de B..., d'un tempérament lymphatique sanguin, âgé de soixante-cinq ans, avait
à la jambe droite des varices très développées,
lorsqu'une contusion de la partie moyenne et
antérieure de ce membre, détermina la forma-
tion d'un ulcère à fond grisâtre, à bords épais et
renversés, qui fut combattu sans succès par les
sangsues placées *loco dolenti*, par la compression
avec des bandelettes de sparadrap, etc.

Cette affection, qui datait de trois années, fut tellement modifiée par les pansemens que je conseillai, par les purgatifs que je fis administrer, et par l'emploi des Eaux en bains et en douches pendant deux saisons, que la guérison était obtenue quelques semaines après le départ. —L'administration fréquente de purgatifs, continuée pendant quelque temps encore, prévint les accidens qui auraient pu résulter de la suppression d'une ancienne suppuration.

LXXXI° OBSERVATION.

Engorgement de l'ovaire gauche. Madame P...., âgée de 27 ans, d'un tempérament lymphatique, d'une constitution assez forte, fut atteinte à la suite d'une suppression des lochies, d'un engorgement de l'ovaire gauche, qui existait depuis quinze mois quand cette malade vint faire usage des Eaux. — La face était légèrement grippée; le ventre ballonné présentait dans la région de l'ovaire une tumeur volumineuse et douloureuse à la pression; l'appétit était presque nul; le pouls était fréquent et petit; la malade, fortement courbée en avant, marchait à l'aide de béquilles. Les saignées, les sangsues, les bains domestiques, l'iode, et une foule d'autres moyens avaient été employés sans succès. — Après vingt-et-un bains

d'Eau thermale, l'amélioration était remarquable : la tumeur avait presque entièrement disparu, et n'était plus douloureuse à la pression ;
la malade pouvait se redresser, et avait quitté ses
béquilles. — Depuis lors, j'ai appris que la santé
de madame P.... était entièrement rétablie.

LXXXIIe OBSERVATION.

Hydarthrose du genou droit. M.... S... de Ch...,
docteur en médecine, âgé de vingt-huit ans, d'un
tempérament nerveux lymphatique, ayant fait
une chute sur le genou droit, éprouva dans cette
partie une douleur très vive, qui ne tarda pas à
se calmer sous l'influence des sangsues et des cataplasmes; mais il survint de chaque côté de la
rotule une petite tumeur élastique, fluctuante,
qui s'effaçait sous la pression pendant que celle
du côté opposé augmentait de volume. — Cette
hydarthrose, qui datait de quinze mois, et qui
avait été combattue par les vésicatoires et les topiques astringens, subit une diminution très remarquable sous l'influence des douches et des
bains pris pendant deux saisons.

Le docteur S..... était parfaitement guéri deux
mois après son départ de Bourbonne.

LXXXIIIe OBSERVATION.

Psoriasis guttata. Mademoiselle M...., âgée de

vingt-six ans, d'un tempérament lymphatique sanguin, d'une constitution forte, était atteinte depuis trois ans d'un psoriasis guttata qui avait son siége principalement au coude, à la partie externe du bras, et qui avait été combattu par des bains sulfureux, des tisanes amères, les pilules asiatiques et des purgatifs salins. — Les bains d'Eau thermale pris pendant deux saisons, et secondés par l'administration de la liqueur de Fowler, eurent un succès complet. Mademoiselle M.... quitta les Eaux parfaitement guérie.

LXXXIVe OBSERVATION.

Lichen syphilitique. M. B... de B..., voyageur de commerce, âgé de vingt-sept ans, d'un tempérament lymphatique sanguin, d'une constitution forte, était atteint depuis huit mois d'une affection papuleuse, ayant son siége sur presque toutes les parties du corps, mais principalement entre les doigts, et sous les poignets. Cette maladie, qu'on qualifiait de *gale vénérienne,* et que je nommerai lichen syphilitique, avait été traité par les bains sulfureux, les bains de sublimé, etc. Elle disparut comme par enchantement sous l'influence de vingt bains, secondés par un traitement approprié à la nature de cette maladie. Ce jeune homme s'est marié trois mois après son départ de Bourbonne, et n'a jamais vu son affection se reproduire.

LXXXVe OBSERVATION.

Rachitisme. D.... (Adolphe), âgé de six ans, d'un tempérament lymphatique, présentait tous les signes d'une constitution rachitique : tête volumineuse, poitrine étroite, os de la face saillans, extrémités très développées, articulations gonflées, ou, comme on le dit vulgairement, *nouées*, jambes arquées, progression difficile, ventre très développé, appétit presque nul. Malgré un régime fortifiant et le traitement le plus rationnel, cette affection allait croissant chaque jour, lorsque les parens se décidèrent à conduire cet enfant à Bourbonne, où il fit un séjour d'un mois et demi, temps pendant lequel il prit quarante bains et trente-six douches.—Au départ, l'amélioration était réelle, la marche de la maladie était arrêtée.

Point de renseignemens ultérieurs.

LXXXVIe OBSERVATION.

Leucorrhée. Madame S....., âgée de trente-et-un ans, d'un tempérament nerveux lymphatique, d'une constitution faible, était atteinte de flueurs blanches très abondantes, qui reconnaissaient pour cause le défaut d'exercice, altéraient sa santé, et déterminaient des douleurs gastralgiques.—Régime tonique, injections émollientes, excitantes, astringentes, baume de copahu, préparations de fer et un grand nombre d'autres agens thérapeutiques avaient été employés sans résultats. Deux saisons, prises en bains et en douches, suffirent pour la guérison complète.

Nuls renseignemens ultérieurs.

LXXXVIIe OBSERVATION.

Syphilis latente. M. C....., docteur en médecine, âgé de vingt-cinq ans, d'un tempérament bilieux nerveux, d'une constitution faible, ayant été atteint, deux ans auparavant, d'une blennorrhagie et d'un chancre huntérien (ulcère syphilitique induré), vint à Bourbonne en qualité de chirurgien sous-aide. Il prit des bains et des douches, sans but bien arrêté, si ce n'est celui d'amusement et de plaisir, car il n'avait aucune affection apparente. Mais après le huitième bain, M. C..... fut très étonné de voir se développer une adénite inguinale, et plusieurs jours plus tard, une pustule plate sur le prépuce. Assuré qu'il était de ne pouvoir attribuer ces accidens qu'à une syphilis constitutionnelle latente, rendue apparente par l'emploi des Eaux, il se soumit à un traitement antisyphilitique qui **eut un** plein succès.

Nuls renseignemens ultérieurs.

LXXXVIIIe OBSERVATION.

Hépatite chronique, suite de fièvres intermittentes. M. D....., d'un tempérament bilieux lymphatique, d'une constitution assez forte, eut pendant sept mois une fièvre quarte, à la suite de laquelle il fut atteint d'un engorgement considérable du foie, qui fut combattu par les pilules de savon médicinal, la tisane de benoîte, des laxatifs salins, le calomel, des topiques émolliens, les bains simples, l'emplâtre de ciguë, les vésicatoires volans, etc., etc. Deux saisons de bains et de douches, l'eau thermale à la dose de deux verrées, le matin à jeun, produisirent les résultats les plus avantageux, et ce malade quitta les Eaux parfaitement guéri.

Nuls renseignemens ultérieurs.

LXXXIXe OBSERVATION.

Menstruation difficile. Mademoiselle F....., âgée de seize ans, d'un tempérament sanguin lymphatique, d'une constitution délicate, n'ayant jamais été réglée, éprouvait depuis dix-huit mois des douleurs dans les lombes et le bas-ventre, des maux de tête fréquens, qu'on avait combattus par des sangsues aux cuisses, des pédiluves, de grands bains, etc., etc. D'après l'avis de son médecin, cette jeune malade vint aux Eaux de Bourbonne où elle prit vingt-et-un bains et dix douches, dont elle obtint les meilleurs résultats. Lorsque mademoiselle F..... quitta les Eaux, les douleurs de tête n'existaient plus et les règles avaient paru sans coliques.

XC^e OBSERVATION.

Inflammation chronique de l'aponévrose fascia lata. M. F..., de R...., âgé de trente ans, d'un tempérament sanguin nerveux, d'une constitution assez forte, était atteint depuis quatre mois de violentes douleurs dans la cuisse droite, s'étendant quelquefois à la partie supérieure du membre malade et même à la hanche, augmentant par la pression, par le moindre attouchement, et s'opposant complétement à la progression sans l'aide de béquilles. Cette affection, qui paraissait dépendre d'une inflammation de l'aponévrose fascia lata, et qui avait été combattue sans succès par les saignées, les sangsues, les grands bains, les bains de vapeur, les frictions mercurielles et une foule d'autres moyens thérapeutiques, fut notablement améliorée par quarante-

deux bains, trente-six douches et l'Eau thermale en boissons. — Un mois après son départ,
ce malade avait quitté les béquilles et était complétement guéri.

XCI^e OBSERVATION.

Luxation spontanée du fémur. Madame C... G...,
âgée de vingt-sept ans, d'un tempérament lymphatique sanguin, d'une constitution forte,
éprouva à la suite d'un bal dans lequel elle s'é-
tait beaucoup fatiguée, des douleurs violentes
dans la hanche, la cuisse et le genou droit.
Malgré une médication énergique, une saignée,
de nombreuses applications de sangsues, des
cataplasmes émolliens, des bains d'eau simple, etc., etc., ces douleurs continuèrent et le
membre s'allongea.

A l'arrivée à Bourbonne, la malade ne marchait qu'à l'aide de béquilles, et la mensuration
comparative indiquait une différence d'environ
trois centimètres. Madame G..... fit usage
des Eaux en boisson, en bains et en douches,
pendant deux saisons. Au départ, l'allongement
était diminué de moitié, la malade avait abandonné ses béquilles, et il n'existait plus qu'une
claudication à peine sensible.

Nuls renseignemens ultérieurs.

XCII^e OBSERVATION.

Madame D... de P. F..., âgée de trente-neuf ans, d'un tempérament sanguin lymphatique, d'une constitution assez forte, avait perdu son fils, âgé de quinze ans. Malgré le vif désir qu'elle partageait avec son mari d'avoir un enfant, leurs espérances avaient été continuellement déçues depuis trois années. D'après les conseils d'un médecin distingué, son parent, madame D... vint faire usage des Eaux, en bains et en douches, prises à une température convenable. — J'ai appris ultérieurement d'une personne habitant le même pays que, dix mois après son départ, madame D... était accouchée d'un gros et bel enfant qui faisait sa joie et son bonheur.

XCIII^e OBSERVATION.

Affection de la vessie. M. C..., âgé de soixante-et-onze ans, d'un tempérament sanguin, éprouvait depuis deux ans une grande difficulté pour uriner. Cette affection avait été traitée sans résultats avantageux par les Eaux de Vichy artificielles et quelques tisanes diurétiques. M. C... vint aux Eaux pour des douleurs rhumatismales violentes. Une seule saison prise en bains, en douches et en boisson, conjointement avec l'eau de Larivière

dont ce malade fit usage pendant les repas, fit disparaître ces deux affections.

Je n'ai point reçu de renseignemens ultérieurs.

XCIV^e OBSERVATION.

Anaphrodisie. M. D..., âgé de trente-deux ans,
d'un tempérament nerveux, d'une constitution
délicate, atteint depuis deux ans, par suite d'excès vénériens, d'une anaphrodisie presque complète, qui avait résisté à une foule de moyens rationnels, fit usage des Eaux en bains et en douches pendant deux saisons qui procurèrent de
suite une amélioration notable. Cinq mois après
son départ, M. C... que je rencontrai fortuite-
ment, se regardait comme guéri.

XCV^e OBSERVATION.

Surdité. M. de P..., officier dans la marine royale, âgé de vingt-sept ans, d'un tempérament sanguin, d'une constitution forte, éprouva, à la suite
d'un exercice du canon, fait à bord du vaisseau
sur lequel il était monté, et d'un coup de soleil,
reçu sur la tête quinze jours plus tard, une surdité accompagnée d'un bourdonnement très fa-
tigant. Dix-huit mois après cet accident, et ayant
inutilement subi un traitement rationnel, ce malade vint faire usage des Eaux. Après seize bains

et douze douches reçues sur les extrémités, la surdité était disparue presque complétement; mais
M. de P... revenant, le corps couvert de sueurs,
d'une longue excursion faite dans la campagne,
commit l'imprudence de lotionner la tête et la
poitrine avec de l'eau froide. Cette suppression
brusque des sueurs détermina une faiblesse à la
suite de laquelle la surdité revint comme précédemment. Je fis néanmoins continuer le traitement, et vingt jours plus tard, quand M. de P...
quitta Bourbonne, la surdité avait diminué de
nouveau. Un mois après son départ, ce malade
écrivait de Paris à une de ses parentes qui se trou-
vait aux Eaux, que sa guérison était complète.

Point de renseignemens ultérieurs.

XCVI^e OBSERVATION.

Dyspepsie. Mme F..., âgée de vingt-neuf ans ,
d'un tempérament nerveux sanguin, d'une constitution faible, était atteinte depuis plusieurs
années d'une dyspepsie occasionnée par des chagrins domestiques et présentant les symptômes
suivans : dégoût des alimens, inappétence, douleurs sourdes dans la région épigastrique, surtout
après avoir mangé, rapports nidoreux, débilité, état général peu satisfaisant. Cette affection
avait été combattue sans succès réel par les pré-

parations martiales, les Eaux gazeuses, etc. —
Une saison d'Eau thermale prise en boisson, et à
la dose de deux verrées le matin à jeun, vingt-et-
un bains, quinze douches, firent disparaître complétement cette maladie.

Nuls renseignemens ultérieurs.

XCVII⁰ OBSERVATION.

M. B..., âgé de 82 ans, d'un tempérament nerveux sanguin, d'une constitution forte, éprouvait une faiblesse générale, qu'on ne pouvait attribuer qu'à son grand âge, ou peut-être à des
étourdissemens auxquels il était sujet depuis
quatre années. Il vint à Bourbonne, et fit usage
de l'Eau thermale en boisson, et alternativement
de bains et de douches pendant vingt jours. A
son départ, M. B... était enchanté de l'amélioration que les Eaux avaient déterminée chez lui : la
faiblesse avait beaucoup diminué, et les étourdissemens étaient moins fréquens. — Trois mois
après, son médecin, praticien distingué que j'eus
le plaisir de voir, m'assura que ce vieillard était
très satisfait de son état, et qu'il se proposait de
revenir aux Eaux chaque année.

XCVIII⁰ OBSERVATION.

Syphilis, engorgement du testicule. M. T... de
Paris, d'un tempérament lymphatique, d'une

constitution forte, vint aux Eaux de Bourbonne pour un engorgement du testicule gauche, existant depuis dix-huit mois. Ce malade, ancien militaire, atteint plusieurs fois de maladies vénériennes, avait vu cette affection se former lentement. Les douleurs lancinantes et la forme bosselée de la tumeur avaient fait croire à son médecin et à moi, que cet engorgement était squirrheux. Mais après vingt jours de traitement par les Eaux, des pustules plates syphilitiques survinrent et me révélèrent de suite la nature de cette affection, et m'indiquèrent le traitement à suivre. Des préparations hydragyriques combinées avec deux nouvelles saisons de bains et de douches légères sur le testicule malade, déterminèrent les effets les plus avantageux. M. T... quitta les Eaux parfaitement guéri.

Nuls renseignemens ultérieurs.

XCIX^e OBSERVATION.

Rhumatisme chronique et syphilis constitutionnelle latente. Madame..., âgée de soixante-cinq ans, d'un tempérament nervoso-bilieux, d'une constitution détériorée, de mœurs irréprochables, mère de plusieurs enfans bien portans, dont le plus jeune a vingt-cinq ans, présente depuis

plusieurs années sur les avant-bras de petites ulcérations recouvertes de croûtes peu proéminentes,
parcourant leur période avec une excessive lenteur, et laissant à leur suite des matières indélé-
biles, violacées d'abord et blanchâtres plus tard.
Son médecin, M. le docteur de Boret, versé dans
l'étude des dermatopathies, diagnostiqua des tubercules sous-cutanés syphilitiques, quoique les
antécédens de cette dame et les réponses aux
questions qui lui sont adroitement adressées,
semblent repousser la supposition d'une affection vénérienne. Les tubercules préoccupent assez peu la malade qui est tourmentée par des
maux plus aigus, à savoir, par une céphalalgie
permanente accompagnée d'une amaurose com-
mençante, et par des douleurs articulaires regar-
dées par son médecin comme rhumatismales.
Désireux d'alléger le plus promptement possible
ces souffrances, le docteur de B..., consulté au
commencement de l'été, m'adressa de suite la
malade avec les renseignemens qu'on vient de
lire. Sous l'heureuse influence des Eaux, il survint un état général de bien-être qu'on osait à
peine espérer, et la constitution sembla se fortifier. Mais je dois dire en même temps que l'affection syphilitique prit de l'activité, comme nous
l'avions pressenti, et développa du côté du la-

rynx et surtout du palais, des accidens qui récla-
mèrent un traitement énergique.

Les observations qu'on vient de lire et dont
j'aurais pu facilement augmenter le nombre,
même en n'enregistrant que des succès, témoi-
gnent assez en faveur de l'efficacité de nos sources, pour que je sois dispensé d'insister de nouveau sur ce point. Aussi me contenterai-je de
faire quelques réflexions sur la manière dont
s'opèrent les guérisons. Ensuite je dirai quelques
mots de chacune des maladies traitées par les
Eaux.

Mais auparavant, qu'il me soit permis de me
disculper d'un reproche qu'on ne manquera pas
de m'adresser, celui de n'avoir consigné dans
mon opuscule que des cures au lieu d'avoir
donné pour chaque maladie des observations
d'insuccès et de guérison, en nombre proportion-
nel aux résultats généralement obtenus par l'u-
sage des Eaux de Bourbonne. Je le sais, cette
manière d'écrire eût offert plus d'intérêt aux praticiens; mais elle présente d'immenses difficultés à cause de l'impossibilité où nous sommes
d'obtenir sur nos baigneurs des renseignemens

ultérieurs bien complets; d'ailleurs, dans une notice de ce genre, destinée à tomber souvent entre les mains des malades, elle aurait pu avoir l'immense inconvénient de diminuer la confiance de quelques-uns d'entre eux et de les mettre, par cela même, dans une condition moins favorable à l'action de nos sources.

Si l'on admet l'explication que j'ai donnée (voir *Première partie*) de l'action des Eaux minérales, on se rend facilement compte des guérisons obtenues dans la plupart des maladies chroniques, maladies dans lesquelles il existe le plus souvent une altération des humeurs. Celles-ci, c'est-à-dire les liquides en circulation dans notre économie, et les sels qu'ils renferment, sont les principaux agens de stimulation, de nutrition de nos organes, et doivent être de même, dans la plupart des cas, la cause primitive ou secondaire de leurs maladies. Aussi tout médicament qui modifie, rappelle ou augmente les sécrétions, et qui reconstitue les fluides altérés, devra-t-il être préféré pour combattre les affections chroniques; et certes, il n'est aucun agent thérapeutique capable de rivaliser sur ce point avec les Eaux minérales; nul autre remède ne possède autant de modes d'action et, par conséquent, ne peut avoir autant d'efficacité.

10.

Tantôt les guérisons sont dues à l'action résolutive et reconstituante des sels; alors, les malades peuvent n'éprouver aucun mouvement de révulsion ni d'élimination apparent. Ils n'ont ni sueurs abondantes, ni éruption, ni dépôt sous-cutané, ni diarrhée durable; cependant les organes se modifient, les résolutions s'opèrent et les malades guérissent. — Tantôt l'amélioration survient sous l'influence d'une éruption cutanée, d'une augmentation dans les sécrétions, ou d'une diarrhée; ces crises sont produites par une action spéciale, par la température élevée des bains et de la douche, par la propriété purgative des sels minéralisateurs. — D'autres fois, surtout dans les maladies déterminées par une suppression de transpiration, la guérison a semblé produite par le retour des fluides à la périphérie du corps, par l'établissement de sueurs abondantes qui ont paru entraîner avec elles le principe morbide.

Malgré ma confiance dans l'efficacité de nos Eaux contre la plupart des maladies chroniques, j'ai sans cesse cherché dans l'hygiène les moyens d'augmenter les chances de succès : un régime convenable, de l'exercice, des distractions, etc., seront toujours les auxiliaires puissans de la mé-

dication la plus rationnelle; la mauvaise nourriture, les excès de tout genre, les chagrins, les
imprudences du malade, etc., sont des ennemis
contre lesquels échouera presque toujours le
traitement le mieux dirigé.

Rarement les moyens thérapeutiques sont ap-
pelés à concourir, avec nos sources, à la guérison
des malades ; cependant il est un certain nombre
d'affections qui réclament impérieusement cette
association.

Dans les cas où l'usage prolongé des Eaux doit
avoir les résultats les plus avantageux, il n'est pas
rare que l'amélioration se fasse long-temps désirer, qu'elle marche avec lenteur, ou même qu'une
recrudescence des symptômes nerveux, vienne jeter le désespoir dans l'âme des malades ; mais le médecin avait deviné cette lenteur, lorsqu'il s'agissait
de régénérer une constitution détériorée, ou de
renouveler en quelque sorte un organe profondé-
ment altéré ; il sait aussi qu'une exacerbation du
mal est souvent indispensable pour obtenir la
guérison, et ne doit être combattue qu'autant
qu'elle dépasserait certaines limites que l'expérience seule peut apprendre à connaître.

De toutes les maladies traitées à nos sources,

celle qu'on y remarque le plus fréquemment est
le *rhumatisme* (1) *chronique*. Il attaque des personnes de tous les rangs de la société, reconnaît une
multitude de causes, et peut affecter tous les organes ; il a son siége quelquefois sur le pharynx,
le larynx, les viscères et les intestins; mais on l'observe le plus souvent sur les muscles des membres et du tronc. Les Eaux de Bourbonne guérissent cette maladie avec assez de facilité : quelques bains et quelques douches suffisent, dans
certains cas, pour faire disparaître à tout jamais
des rhumatismes qui, sans les Eaux, seraient de-
venus interminables. Aussi, lorsque cette affection
a résisté aux moyens thérapeutiques ordinaires,
et lorsque son retour ne peut être prévenu, le
malade doit sans retard se rendre à nos Thermes
dont la puissance curative est constatée par une
longue expérience.

Les *douleurs musculaires* qui sont la suite de
blessures, de coups, de chutes, etc., sont souvent
guéries, et toujours soulagées par l'emploi de nos

(1) Quoique le plus souvent, les douleurs qui occupent
le tronc, les membres et les viscères soient de véritables
névralgies, ou dépendent d'affections variées de l'encéphale
et de la moelle épinière, j'ai préféré l'expression rhumatisme
généralement admise.

Eaux. L'observation citée sous le n° XI est un exemple bien frappant de leur vertu dans cette espèce de rhumatisme. Le malade souffrait depuis dix-huit mois, lorsqu'il vint à Bourbonne, et cependant deux saisons le débarrassèrent de ses douleurs.

Les rhumatismes articulaires (*arthrite*) cèdent en général très facilement à l'usage des Eaux thermales quand ils ne sont pas trop anciens. Dans ce dernier cas, ils offrent beaucoup plus de résistance ; cependant, d'après mon expérience, fondée sur un grand nombre d'observations, un traitement prolongé guérit presque toujours ces affections lorsqu'il n'existe pas d'altération profonde.

Malgré l'attention la plus minutieuse apportée à l'examen du malade, on ne peut fixer d'avance la durée et le résultat du traitement. Il m'est arrivé quelquefois de croire à l'impossibilité d'une guérison, qui cependant survenait assez promptement sous l'influence des Eaux employées rationnellement. En voici un exemple : Mlle B..., de B..., était atteinte d'un arthrite presque général, dans laquelle plusieurs articulations métacarpiennes se luxaient, par suite de déformation, avec la plus grande facilité, lorsqu'elle faisait

mouvoir ses doigts. On avait considéré cette affection comme incurable, et cependant, au départ,
les luxations ne se reproduisaient plus, et le gonflement de toutes les articulations malades avait
beaucoup diminué. Le nommé P..., qui fait le
sujet de la deuxième observation, en est une autre preuve. Il existait chez cet homme une difformité considérable des articulations, et la guérison
n'en fut pas moins complète.

C'est à tort que des personnes étrangères à la
médecine, et même quelques médecins, accusent
les Eaux de ne procurer que des cures temporai-
res. D'après mon expérience, l'usage des Eaux
rend les rechutes moins fréquentes, et souvent
même procure une guérison radicale, ainsi
qu'on peut le voir dans les observations que j'ai
données, et dont plusieurs remontent à dix ans.
Si ces malades souffraient de nouveau, serait-ce
une preuve du contraire? Je ne le pense point;
car ils peuvent être soumis aux mêmes causes
que celles qui ont développé le rhumatisme pré-
cédent, et ce serait absurde de croire qu'une
maladie guérie exempte de maladies *à venir.*

Si, dans quelques circonstances, un très petit
nombre de bains et de douches guérissent complétement, il faut dans d'autres cas, surtout lorsque le rhumatisme existe depuis long-temps,

faire un usage prolongé des différens modes d'administration des Eaux ; et si l'affection résistait à des soins bien dirigés, il faudrait supposer qu'il existe dans l'organe affecté une dégénérescence, ou qu'elle dépend d'un virus, de la rétrocession de quelques principes morbides contre lesquels il y aurait nécessité de diriger des moyens spéciaux.

J'ai remarqué que les douleurs rhumatismales se calment généralement pendant la durée du bain, et surtout de la douche, et se reproduisent dans l'intervalle, ou même s'exaspèrent considérablement en tendant à se déplacer, principalement pendant la première quinzaine du traitement ; j'ai même vu, dans ces circonstances, reparaître des douleurs qui ne s'étaient pas fait sentir depuis long-temps : ces exacerbations ne doivent point inquiéter les malades, car elles sont, dans un grand nombre de cas, d'un bon augure, et le signe d'une guérison prochaine.

Les rhumatismes des muscles de la vie animale (ou des muscles dont les contractions sont soumises à l'empire de la volonté) sont dissipés par l'usage des Eaux plus facilement que ceux des autres organes : on obtient généralement quatre-vingt-dix guérisons sur cent rhumatismes musculaires, un moins grand nombre pour les rhumatismes fibreux, et moins encore pour ceux des organes parenchymateux. Cette différence dépend de ce que la résolution des inflammations et des lésions nerveuses est plus facile dans les muscles que dans les tissus blancs.

Ces succès brillans, et chaque jour renouvelés, assignent à nos Eaux une des premières places dans la liste des Eaux thermales les plus efficaces contre les rhumatismes, bien que M. Patissier ait omis de les mentionner dans cette liste (1).

On distingue deux espèces de *paralysie;* l'une *symptomatique:* résulte d'une altération organique du cerveau, de la moelle épinière, ou des cordons nerveux; l'autre, idiopathique ou nerveuse, existe sans lésion appréciable des organes précités, et paraît dépendre d'un trouble quelconque survenu dans la circulation du fluide nerveux.

Ces différentes paralysies n'obtiennent pas toutes le même succès de l'emploi des Eaux. Les premières, en raison de la gravité et de la persistance des lésions cérébrales qui les ont déterminées, et qui les entretiennent, résistent très sou-

(1) Voyez le tableau résumé de l'excellent ouvrage de M. Patissier, sur les Eaux minérales, publié en 1837 ou 1838, dans le Bulletin de l'Académie.

vent à l'usage de nos Eaux; les autres, au contraire, étant habituellement les résultats d'un épuisement du système nerveux ou d'une simple perturbation dans la circulation des fluides, doivent guérir plus facilement sous l'influence de nos Eaux dont la propriété est d'activer la circulation, de développer la vitalité.

Les *paralysies partielles* ou *traumatiques*, c'est-à-dire, celles qui n'affectent qu'un seul organe, ou sont déterminées par une chute, guérissent en général assez facilement à Bourbonne. Il en est de même des paraplégies, lorsqu'elles sont occasionnées, non par un vice organique, mais par un état morbide simple de la moelle épinière. Je les ai vues presque toujours complétement guérir quand le baigneur apportait quelque peu de persévérance dans l'emploi de nos Eaux. Les observations citées sous les n°s XXXVII, LII, XLII, XLVII, étant relatives à des cas très graves, attestent la puissance de nos Eaux, et montrent combien est grand l'espoir qu'on peut fonder sur leur administration rationnelle. Mesdames D... et M. J..., par exemple, étaient dans un état qui faisait croire à l'existence d'un ramollissement de la moelle épinière, et par conséquent à l'incurabilité de leur maladie; et cependant le résultat vint nous apprendre que, dans les cas les plus désespérés, on doit encore essayer nos Eaux thermales, dont la puissance a semblé quelquefois miraculeuse.

Dans l'*hémiplégie symptomatique* d'une lésion grave du cerveau, on ne peut certainement pas s'attendre à des succès aussi fréquens ; cependant, lorsque les saignées générales et locales, les purgatifs et les révulsifs employés avec persévérance pendant quelques mois, n'ont point dissipé la paralysie, c'est aux Eaux minérales, surtout à celles de Bourbonne, qu'on doit demander la guérison ; c'est d'elles qu'on doit attendre la résorption du sang épanché dans le cerveau et l'augmentation de l'influx nerveux ; c'est à elles enfin, et surtout dans ce cas, que s'appliquent ces paroles : *Elles guérissent quelquefois, ne font jamais de mal* (lorsqu'il y indication), *et consolent toujours.*

Lorsqu'une paralysie a résisté à l'usage rationnel et prolongé des Eaux de Bourbonne, on doit admettre qu'elle est entretenue par une lésion organique. Du reste, il est bien rare que même dans ces cas, les Eaux ne procurent une amélioration assez notable, pour qu'on ne doive jamais négliger leur emploi.

Chaque année il arrive à Bourbonne des malades atteints de paralysie, et présentant en même temps, du côté du cœur ou de quelque autre organe important, des symptômes qui peuvent être attribués, soit à une lésion organique dont l'existence contre-indiquerait formellement l'usage des Eaux, soit à un simple trouble qui serait survenu dans les fonctions de ces organes, en raison de leur sympathie avec le système nerveux malade, et qui pourrait céder facilement au traitement principal. Rien n'égale alors la difficulté du diagnostic, si ce n'est son importance. Je vais citer des exemples de ces cas embarrassans. Mademoiselle P... était atteinte d'une hémiplégie accompagnée de la plupart des signes d'une maladie organique du cœur : irrégularité dans les rhythmes des mouvemens de cet organe; battemens forts, étendus et tumultueux; oppression considérable; face turgescente et violacée. Au premier abord, je fus tenté de renvoyer la malade; mais ayant appris, en l'interrogeant, que ces différens symptômes n'existaient que depuis la paralysie, et pouvaient bien être sympathiques d'un état nerveux, je prescrivis les bains avec les plus grandes précautions, et la malade partit, après une saison dans un état d'amélioration remarquable. Les symptômes de l'affection du cœur avaient entièrement disparu, et les mouvemens des membres malades étaient beaucoup plus libres. Le malade qui fait le sujet de l'observa-

tion LXXIe, présentait des symptômes qui pouvaient faire croire à une altération organique du
cerveau, et qui cependant dépendait seulement
d'un état nerveux dû à l'abus des boissons alcooliques ; du moins la rapidité de la guérison est
un témoignage en faveur de cette supposition.

J'ai déjà dit que les Eaux thermales, celles de
Bourbonne en particulier, ayant la propriété de
stimuler les organes, d'accélérer la circulation,
d'exciter l'influx nerveux, de déterminer un
mouvement fébrile, ne devaient être employées
qu'après la période d'acuité des maladies. En
faire usage lorsqu'il existe dans le système nerveux une surexcitation déterminée par une hypérémie ou une hémorrhagie récente, serait une
imprudence qui pourrait avoir les résultats les
plus funestes, comme je vais en citer un exemple. L'instituteur M..., d'A..., atteint depuis dix
jours de douleurs de tête et d'engourdissement
dans tous les membres, voulut, malgré ma dé-
fense formelle, faire usage des Eaux en bains et
en douches ; mais, forcé de suspendre après le
huitième bain, il regagna son domicile, à huit
kilomètres de Bourbonne, et succomba quelques
jours après son arrivée.

L'action stimulante des Eaux ne dispose point
aux attaques d'apoplexie dans les cas d'hypéré-

mie cérébrale ancienne; c'est un fait que la théorie émise plus haut (*Première partie*) fait présumer, et que l'expérience de chaque jour établit d'une manière incontestable. Si des accidens de ce genre surviennent quelquefois, on doit les attribuer à la maladie elle-même, ou bien à l'administration vicieuse des Eaux.

L'usage de nos sources est suivi des résultats les plus heureux dans l'engorgement simple des viscères abdominaux, maladies désignées sous le nom d'*obstructions* en général, d'*hépatite*, de *splénite*, d'*ovarite chroniques, etc.* Tous les auteurs qui ont écrit sur les Eaux, Hubert Jacob, Juy, René Charles, Chevalier, etc., se sont plu à reconnaître leur efficacité dans ce genre d'affection, et à citer un grand nombre d'exemples de guérison. « Le nommé Joseph (dit ce dernier médecin) portait depuis plusieurs années une obstruction aux deux lobes du foie, si considérable, que le volume occupait l'hypocondre droit, la région épigastrique, l'hypocondre gauche. dépassait de plus de quatre pouces, les fausses côtes, recouvrait tout l'estomac, etc., etc. Je lui fis faire, ajoute plus bas le même auteur, deux saisons après lesquelles il partit soulagé. L'année suivante, il vint répéter les mêmes exercices qui lui réussirent très bien...... Depuis ce temps, il s'est livré à tous les ouvrages les plus pénibles qu'il a très bien soutenus. »

J'ai eu lieu d'observer moi-même (*voir* les observations IIIe, VIe, XXXVIIIe, LXXIXe, LXXXIXe) que des hypertrophies des viscères, ayant résisté à la série des remèdes fondans et révulsifs employés en pareille circonstance, disparaissaient assez rapidement sous l'influence de l'Eau thermale de Bourbonne, employée en boisson, en bains, et quelquefois en douches; et comme le prouvent quelques-unes des observations citées plus haut, nos Eaux guérissent ces maladies non-seulement lorsqu'elles sont le résultat d'une vive stimulation des intestins par des excès de régime, par l'abus ou l'emploi intempestif des vomitifs, mais encore quand elles ont été déterminées par la rétrocession d'une affection herpétique.

Lorsque les saignées générales ou locales, les exutoires et les autres moyens convenables ont dissipé l'inflammation d'un organe parenchymateux, si le viscère conserve un volume anormal, on est fondé à redouter une hypertrophie qui pourrait dans la suite déterminer une dégénérescence, et l'on doit se hâter de favoriser la résolution par l'emploi des Eaux de Bourbonne.

J'ai **eu** souvent occasion de traiter des malades atteints d'engorgemens simples considérés
comme squirrheux. A la première inspection de
la tumeur, à la nature de la douleur, j'étais moi-
même disposé à partager cette opinion, mais je
ne tardais pas à être détrompé par la facilité avec
laquelle nos Eaux dissipaient ces maladies regar-
dées comme incurables. Avons-nous des moyens
certains de reconnaître la nature des engorgemens? Malheureusement non; tous les jours
dans la pratique, on voit commettre des erreurs
préjudiciables qui le seraient moins, si dans
l'incertitude on employait les Eaux, moyen
efficace dans le plus grand nombre de circonstances, moyen qui seconde la nature dans
les efforts qu'elle tend à faire dans les engorgemens pour débarrasser les voies de sécrétions, ou en ouvrir de nouvelles aux matières
dont le cours a été intercepté, soit par une fièvre
intermittente, une excitation répétée, une suppression de sueurs, ou une cause extérieure.
Cependant lorsqu'on est bien assuré de l'existence d'une dégénérescence, il ne faut pas compter sur une action curative puissante. Il en est
de ce remède comme de beaucoup d'autres,
même spécifiques, qui n'ont de vertu que dans
des cas d'affections susceptibles de guérison.

Depuis un temps immémorial on emploie nos Eaux contre les *maladies scrofuleuses*. Tous les auteurs qui ont écrit sur ces thermes s'accordent à leur attribuer des propriétés efficaces contre cette maladie ordinairement si rebelle aux moyens thérapeutiques. Une expérience de douze années près des thermes de Bourbonne m'a prouvé l'exactitude des observations recueillies par mes devanciers. Souvent j'ai vu des guérisons radicales, toujours j'ai constaté un soulagement plus ou moins prononcé, et qui aurait pu le devenir davantage si les malades eussent apporté plus de persévérance dans l'emploi de nos Eaux. Bien que celles-ci m'inspirent la plus grande confiance, j'ai cependant cru devoir leur associer, dans diverses circonstances, les préparations d'iode et de baryte. Ce traitement combiné m'a toujours paru le plus avantageux qu'on pût opposer à une affection qui fait souvent le désespoir des malades; bien entendu qu'on en seconde toujours l'efficacité par l'observation des règles de l'hygiène; quelquefois, mais seulement pour remplir des indications assez rares, on fait en outre intervenir les antiphlogistiques, les toniques, etc.

Comme on l'a vu aux observations XXXIVe et XXXVe, l'action résolutive des Eaux peut suffire

seule pour dissiper des engorgemens glandu-
laires, contre lesquels les préparations antistru-
meuses les plus énergiques avaient complètement échoué. J'ai constaté le même succès dans
certains cas où les frictions iodurées et les emplâtres de ciguë semblaient constamment aggraver le mal.

Des diverses formes de scrofules, celles qu'on
combat avec le plus de succès par l'Eau thermale, sont l'adénite ulcérée, l'engorgement des
ganglions mésentériques (observations vi[e] et x[e]),
l'ostéite, l'arthrite avec hydarthrose (observations xxixe et xlixe).

La névralgie, cette maladie qui attaque si fréquemment les nerfs de la face et des extrémités
inférieures, et qui est ordinairement si rebelle
aux moyens thérapeutiques, résiste bien rarement à l'usage des Eaux, surtout lorsqu'elle oc-
cupe les membres. Juy, Chevalier, etc., préco-
nisent nos thermes contre ce genre de maladie ;
moi-même j'ai vu souvent des sciatiques inutilement et longuement combattues par un traite-
tement rationnel, disparaître rapidement sous
l'influence des bains et des douches (*voir* les observations viiie, xxiiie, xxxixe, xle, xliiie, xlvie,
lxviie, etc.).

Nous n'obtenons pas des succès moins brillans dans *les névroses* et dans la prédominance du système nerveux résultant de l'abus antérieur des saignées et de la détérioration de la constitution. Mais il faut alors une longue persévérance dans le traitement, si l'on veut obtenir une guérison radicale; il faut donner aux Eaux le temps de régulariser le cours des fluides nerveux troublés ou entravés dans leur circulation.

Il est bien rare que nos Eaux irritent le tube digestif; je ne les ai jamais vues provoquer le vomissement, et j'ai toujours remarqué qu'elles étaient tolérées avec la plus grande facilité. Leur action spéciale sur les organes sécréteurs internes les rend très propres à exciter l'appétit et à favoriser la digestion : aussi obtient-on de leur emploi les succès les plus remarquables dans ces nombreuses anomalies de la sensibilité interne et des sécrétions gastro-intestinales désignées sous le nom de *dyspepsie*, d'*anorexie*, de *pica*, de *malacie*, de *vomissemens nerveux*, d'*hypocondrie, etc.*, maladies qui dépendent ordinairement d'écarts dans le régime, de causes morales, d'abus des boissons alcooliques, d'ingestion de substances toniques, d'une alimentation trop

substantielle ou insuffisante, etc. (*voir* les obser-
tions LV et XCVII).

Il est bien entendu, qu'avant de prendre les
Eaux, on s'est bien assuré qu'il n'existe ni inflammation franche, ni lésions organiques du
tube digestif.

Les personnes atteintes de *surdité* viennent
rarement demander à nos sources un remède
contre leur infirmité. Cependant, lorsque celle-
ci ne dépend pas d'une altération profonde, on
est en droit d'attendre de leur usage, sinon une
guérison complète, du moins un soulagement
très prononcé. J'ai rapporté sous le n° XCVI, une
cure que j'ai lieu de croire radicale, d'après les
renseignemens ultérieurement recueillis : une
seule saison suffit pour dissiper cette affection qui
paraissait fort grave, et qui dépendait probablement de la paralysie du nerf acoustique.

Les anciens médecins stipulent plusieurs cas
de *cystites* et de *néphrites*, complétement guéries à
Bourbonne. La rareté de ces affections aux Eaux
de Bourbonne ne m'a permis d'ajouter qu'un petit nombre d'observations à celles recueillies par
mes devanciers. J'ai cité plus haut, n° LXVI, un
exemple des avantages qu'on peut retirer de leur

administration rationnelle ; et je puis assurer qu'en les associant aux Eaux de Larivière (1), on obtient toujours un soulagement remarquable, et souvent même une guérison complète. Mais il ne faut pas perdre de vue, que les succès dépendent du mode d'administration de nos Eaux, qu'il est une dose de l'Eau thermale, et un degré de température dont le médecin ne doit pas s'écarter, sans s'exposer à voir la maladie s'exaspérer, et à manquer les résultats heureux qu'il en attendait.

En fortifiant la constitution, en affaiblissant la prédominance lymphatique, en modifiant l'inflammation utérine et vaginale, les Eaux de Bourbonne font disparaître les *métrites chroniques* et les *leucorrhées*. Des observations de ce genre ont été recueillies en grand nombre par les anciens médecins de Bourbonne qui ont écrit sur les Eaux, et j'ai moi-même bien souvent constaté leur exactitude (j'en ai rapporté deux exemples, n° LXXIII et LXXXVI).

Ordinairement après les premiers bains, on voit augmenter l'écoulement leucorrhéique; cette

(1) Voir à la fin de cet ouvrage, la notice concernant les Eaux de Larivière.

exacerbation doit être surveillée avec attention, car elle ne sera salutaire qu'autant qu'elle sera contenue dans certaines limites. Aussi voit-on quelques malades déterminer par l'emploi mal dirigé des bains, une irritation sub-aiguë, ou une asthénie qui rendent leur état beaucoup plus grave et plus difficile à guérir.

Les Eaux de Bourbonne peuvent être employées avec succès contre l'*aménorrhée* qui ne dépend pas de lésions incurables, et contre la *dysménorrhée* des premiers temps de la menstruation; elles sont préférables, dans ces cas, aux emménagogues dont l'action stimulante détermine parfois des irritations intestinales ou utérines; leur succès dépend de la sédation ou de l'excitation procurée à l'utérus et de la modification imprimée au cours des fluides, suivant la durée, la température et la forme de la douche et du bain.

Dans certains établissemens d'Eaux thermales, les malades continuent à prendre des bains et même des douches pendant l'époque menstruelle. A moins d'indications formelles, je désapprouve cet usage qui n'est pas sans inconvéniens; mais je conseille au contraire, d'insister sur l'usage des bains quelques jours avant l'apparition des règles, afin de favoriser leur écoulement, et de prévenir les coliques qui souvent les accompagnent.

On prescrivait autrefois les Eaux thermales de Bourbonne contre le *catarrhe chronique*. Hubert Jacob, Juy, Chevalier, ont rapporté dans leurs ouvrages, des exemples de guérison de cette maladie. Mais je dirai sans hésitation, que la thérapeutique possède contre les affections pulmonaires, des moyens actifs dont l'expérience a sanctionné l'usage, et qui doivent être préférés à nos sources. Cependant celles-ci, ayant pour principe minéralisateur dominant le chlorhydrate sodique, devraient être rangées, chimiquement parlant, parmi les moyens curatifs de la phthisie pulmonaire qu'on guérit, dit-on, par l'usage du sel marin.

Nous ne pouvons consciencieusement préconiser notre Eau thermale contre les *maladies de la peau* que dans les cas où celles-ci sont accompagnées d'une détérioration de la constitution, d'un état cachectique prononcé, résultant d'excès ou de privations de toute espèce. Alors les Eaux thermales, en fortifiant la constitution, mettent le malade dans une disposition plus favorable à la guérison. Celle-ci, dans la majorité des cas, ne s'obtient point ordinairement par une diminu‑ tion progressive du mal à dater des premiers bains, mais au contraire, après une exacerbation qui peut être parfois assez vive pour effrayer le patient, et réclamer les secours de l'art. Dans tous les cas où le traitement est confié à des mains prudentes, cette exacerbation tourne au profit de la guérison qu'on accélère par l'emploi de moyens thérapeutiques appropriés à l'espèce de dermatose.

Les *ulcères* sont heureusement modifiés par les Eaux de Bourbonne, comme le prouve la xve observation. M. F... obtint, après deux sai‑ sons et demie, la guérison complète d'un ulcère fistuleux qui datait de six ans, et avait résisté aux moyens les plus rationnels employés avec persévérance. — Nul autre moyen n'est préfé‑ rable à nos sources contre les ulcères qui dépen‑ dent de causes internes, et doivent être attaqués par des moyens généraux et locaux.

La *répercussion* des maladies cutanées déter‑ mine parfois du côté des viscères des accidens graves, que les Eaux de Bourbonne dissipent habituellement avec la plus grande facilité, en rappelant à la peau l'affection primitive.

Les maladies qui reconnaissent pour cause l'altération profonde des humeurs sont, le scorbut excepté, avantageusement combattues par nos thermes. Aussi les *chloroses* qui ont résisté aux préparations ferrugineuses cèdent, en général, assez facilement dès qu'on aide l'action de ce remède par l'emploi des Eaux thermales (observations XXII.)

Nos Eaux secondent efficacement l'action du sulfate de quinine contre les fièvres intermittentes rebelles, et combattent avec succès les engorgemens abdominaux qu'elles laissent souvent à leur suite. Juvet dans son ouvrage intitulé, *Dissertation contenant de nouvelles observations sur la fièvre quarte*, etc., préconise leur emploi dans les cas d'obstructions avec accès de fièvre quarte, et rapporte plusieurs cas de guérison. J'ai cité deux cas dans lesquels les Eaux ont guéri une fièvre intermittente quotidienne : la première (observation XXIe) existait depuis quatre ans, et céda à une seule saison, secondée du sulfate de quinine. La seconde (observation LXXVIe) n'existait que depuis huit mois, et avait résisté au sulfate de quinine donné à très haute dose. Une seule saison de vingt-et-un jours, et le sulfate de quinine pris à dose bien inférieure à celles qui avaient été administrées précédemment, suffirent pour déterminer une guérison complète.

J'ai fait mention dans la LXVIIIe observation d'un cas d'œdème dans lequel les Eaux ont agi avec une grande efficacité. Cette cure n'est pas la seule que j'aie observée, et j'ai toujours remarqué que les Eaux procuraient un soulagement notable, et quelquefois une guérison radicale, lorsque l'œdème est le symptôme d'une affection locale, chronique et existant sans inflammation.

Si les *palpitations* dépendent de la dilatation des parois du cœur, ou d'une hypertrophie arrivée à un haut degré, on doit bien se garder d'employer les bains et les douches, car ces moyens aggraveraient la lésion organique ; mais il ne faut pas oublier que certaines palpitations sont le résultat d'une maladie nerveuse que les Eaux font cesser assez rapidement.

Elles ont, comme la plupart des Eaux minérales, la réputation de combattre la *stérilité* (ou d'être *engrosseuses*, comme on le dit vulgairement). J'ai cité un fait (XCIII^e observation) qui vient à l'appui de ce que j'avance. Madame D... avait trente-neuf ans, n'avait point eu d'enfans depuis quinze ans, et elle devint enceinte un mois après son départ de Bourbonne, où elle avait fait usage des Eaux pendant deux saisons.

Les Eaux, par la propriété qu'elles possèdent d'activer la circulation capillaire, de relâcher les tissus blancs, de donner de la souplesse aux organes de la locomotion, de hâter la résolution des parties engorgées, remplissent parfaitement les indications curatives présentées par les rétractions musculaires, les entorses, les luxations, les ankyloses, les fractures, les plaies d'armes à feu; et la douche est le moyen curatif le mieux approprié à ces accidens et à la faiblesse qu'ils laissent après eux.

Les *rétractions des muscles* résistent rarement à l'action des Eaux quand il n'existe pas d'adhérence, et je les ai toujours vues céder assez promptement à l'emploi d'une ou de deux saisons de bains et de douches (XIVe observation).

Les XXXVIe et LXIIIe observations font mention de deux malades dont les entorses existant, l'une depuis deux ans et l'autre depuis trois ans avaient atrophié le membre; quelques semaines suffirent pour les guérir complétement.

Chez les deux malades qui font le sujet des

LXIVe et LXVIIIe observations, les Eaux ont fait disparaître les douleurs et la claudication qui avaient succédé à des fractures. Mais lorsque la claudication est due à un raccourcissement, les Eaux ne déterminent aucune amélioration ; il faut pour en obtenir de bons effets, qu'elle soit le résultat de la faiblesse et des douleurs que laissent après elles, les entorses, les luxations, les fractures, etc.

Toutes les *ankyloses* n'obtiennent pas le même succès de l'emploi de nos Eaux ; l'ankylose fausse est la seule qui présente des chances de guérison. L'âge du malade, l'altération des tissus qui environnent l'articulation affectée, l'espèce d'articulation, la durée de l'existence de l'affection, sont autant de causes qui peuvent rendre le retour des mouvemens articulaires plus ou moins facile. Souvent l'action du bain et de la douche ne suffit pas : il faut la seconder de moyens adjuvans, avoir recours à des moyens mécaniques convenablement appliqués ; et si l'on reconnaissait une amélioration, quelque légère qu'elle soit, il faudrait insister sur le traitement, car ce n'est que par la persévérance qu'on arrive à des résultats avantageux dans le traitement de cette maladie.

Il existe peu d'autres Eaux thermales douées

d'une efficacité aussi prononcée dans les cas de plaies *d'armes à feu* et *d'armes blanches*. Le malade qui fait le sujet de la XXVIII° observation avait reçu un coup de feu dans le côté gauche de la poitrine, qui fut traversée de part en part; les fistules et les douleurs restées à la suite de cette blessure disparurent complétement après deux saisons.

Ce n'est pas seulement dans les plaies fistuleuses déterminées par ce genre de blessures qu'on observe leurs propriétés curatives, mais encore dans les cas d'atrophie, de gonflement et de paralysie qui en sont la suite : en rétablissant la circulation des fluides, en donnant de la souplesse aux muscles, et en facilitant la sortie des esquilles et des corps étrangers entraînés dans la blessure par le projectile, elles rétablissent le mouvement dans les parties malades, et hâtent la cicatrisation. C'est surtout à l'hôpital militaire de Bourbonne qu'on remarque chaque année leur efficacité dans ce genre de maladie.

Les chances de guérison par les Eaux thermales ne sont pas les mêmes pour les différentes espèces d'affections qui peuvent atteindre le système osseux. Ainsi l'inflammation simple guérit plus facilement que la *nécrose*, et cette dernière plus facilement que la *carie*.

Lorsque tous les symptômes inflammatoires de l'ostéite simple ont cessé, lorsque cette maladie est passée à l'état chronique, si le gonflement persiste, il faut se hâter d'avoir recours aux Eaux thermales, que le siége soit dans le corps de l'os, ou dans une articulation. Elles sont préférables aux remèdes excitans employés ordinairement; mais il est indispensable d'en surveiller l'action, afin de prévenir l'inflammation violente qui peut se développer sous l'influence de la douche. Il est facile de prévoir qu'en raison du peu de vitalité du système osseux, l'emploi rationnel doit être continué avec persévérance.

A en juger par la facilité avec laquelle certains médecins se décident dans les cas de carie et de nécrose, à pratiquer l'amputation dont je ne nie pas la nécessité dans certaines circonstances, on croirait que ces affections sont incurables; et cependant il n'en est point ainsi : elles cèdent assez souvent à l'emploi rationnel des moyens thérapeutiques à la tête desquels se trouvent les Eaux de Bourbonne. Les observations IVe, LIX et LXXVIIIe viennent à l'appui de mon opinion. Le premier malade était atteint d'une carie du corps du fémur qui l'avait épuisé : deux saisons suffirent pour le guérir complètement en six mois. Le second ne prit qu'une seule saison pendant la première année, et il obtint une amélioration notable ; deux saisons faites l'année suivante achevèrent la guérison. Le troisième, qui présentait une carie de l'omoplate, guérit en deux saisons. Les LXXIVe et LXXVIIIe observations sont aussi des exemples de l'efficacité de nos Eaux : en quelques mois, ces deux jeunes malades furent rendus à la santé.

Les Eaux de Bourbonne employées contre les *tumeurs blanches* jouissent, suivant leur mode d'administration, de la propriété de diminuer la tuméfaction, de dissiper l'inflammation, de prévenir ou d'arrêter la carie, et de faciliter l'expulsion des parties nécrosées. Leur action médicatrice doit être secondée par l'usage d'autres moyens thérapeutiques, si l'on a reconnu l'existence d'un virus ou d'un vice dans les humeurs. Mais, je le répète, ces cas réclament du médecin une grande sagacité, et du malade, une longue persévérance ; car il faut du temps et des soins pour éliminer des parties nécrosées, résoudre des engorgemens chroniques osseux, et modifier une constitution.

Les Eaux de Bourbonne, en modifiant l'état général du malade, peuvent contribuer à la guérison de la *syphilis chronique*. D'après l'opinion des anciens médecins, fondée sur une longue expérience, leur influence est surtout remarquable lorsque la maladie existe depuis longtemps, qu'elle a résisté aux remèdes antivénériens ordinaires ou qu'elle a été aggravée par leur administration intempestive (*voir* les observations LXIXe, LXXXIVe et XCIX^e).

J'ai plusieurs fois observé que les préparations hydrargyrées et aurifères, dont l'usage exclusif avait aggravé les accidens, étaient parfaitement tolérées et recouvraient leurs propriétés curatives en les associant à notre Eau thermale. Celle-ci, dans plusieurs circonstances, a même suffi pour déterminer la guérison de syphilis contre lesquelles avaient échoué les moyens dits spécifiques.

Après quelques jours de l'emploi simultané des deux traitemens on voit les *syphilides* éprouver un changement remarquable; les *taches* pâlissent et finissent par disparaître complétement; les *affections papuleuses* s'affaissent et s'éteignent le plus souvent sans laisser de traces; les *ulcères* se cicatrisent, les douleurs ostéoscopes diminuent, etc.; au reste, tous les accidens consécutifs de la syphilis peuvent être combattus avec efficacité par les Eaux thermales; et leur guérison doit être regardée comme définitive, s'il n'est pas survenu de nouveaux symptômes après trois ou quatre mois.

La syphilis peut exister à l'*état latent* ou bien ne déceler sa présence que par des signes équivoques. Alors encore l'Eau de Bourbonne rend d'immenses services, soit en dévoilant l'existence d'un ennemi caché, soit en indiquant au malade la véritable nature d'un mal qui se reproduisait chaque jour sous des formes différentes (Observations LXXXVIIe, XCIX^e et Ce).

Le grand nombre d'affections dans lesquelles on a prescrit les Eaux de Bourbonne, a fait souvent douter de leur efficacité. Sans doute, cette presque universalité qui a paru ridicule, non-seulement aux personnes étrangères à l'art de guérir, mais encore à quelques médecins, a pu être exagérée par le charlatanisme. Mais si l'on fait attention que ces Eaux jouissent de propriétés complexes, et si l'on a lu les explications données plus haut sur leur mode d'action, on comprendra pourquoi elles sont prônées contre un si grand nombre d'états morbides, et pourquoi elles ne sont pas, à part quelques exceptions, le remède spécial contre telle ou telle maladie, mais le remède général contre la plupart des anciennes affections. En effet, la propriété qu'elles ont de régénérer le sang, de modifier les organes, de stimuler, sans irriter, la circulation locale, de favoriser la résorption, indique combien elles doivent être puissantes dans les affections qui ont miné la constitution, détérioré les humeurs et affaibli l'organisme.

Et où trouver un remède offrant un plus grand nombre de modes d'action, entouré de moyens adjuvans plus sûrs, plus nombreux, s'accordant si parfaitement entre eux, et augmentant leurs vertus réciproques par leur simultanéité. Aussi, lorsque le malade insiste suffisamment sur l'emploi des Eaux convenablement administrées, il doit s'attendre au succès, à moins qu'il n'existe une affection organique, une dégénérescence, ou quelque autre état incurable. S'il m'était permis d'exprimer mon opinion, que l'on peut considérer, il est vrai, comme d'un faible poids en hydrologie, je dirais que les Eaux thermales de Bourbonne-les-Bains, si elles ne guérissent pas toutes les affections chroniques, sont cependant, dans l'état actuel de la science médicale, le meilleur médicament à opposer au plus grand nombre.

12.

Ce que je viens de dire indique qu'elles ne sont point une panacée ; et je vais signaler d'une manière sommaire les maladies dans lesquelles on ne doit point en faire usage.

Toutes les fois qu'une maladie est à l'état aigu, il y a contre-indication : les Eaux thermales ne pourraient, par les propriétés excitantes, soit de la chaleur du bain, soit des sels qu'elles contiennent, qu'ajouter à l'excitation de ce genre d'affection. Mais si les malades ne doivent être envoyés à Bourbonne qu'après la période d'acuité, il ne faut pas non plus attendre que les progrès toujours croissans de la maladie s'opposent au voyage, et rendent toute chance de succès désormais impossible.

Il y a encore contre-indication de prendre les Eaux lorsqu'il existe des dégénérescences cancéreuses bien caractérisées.

La phthisie pulmonaire, les crachemens de sang, les anévrysmes, les hémorrhagies de toute nature, l'aliénation mentale, augmentent sous leur influence.

Les Eaux sont nuisibles dans les ulcérations internes, les diarrhées dépendant d'une inflammation, les fractures récentes.

Les femmes enceintes, à quelque terme qu'elles soient arrivées de la gestation, doivent éviter l'usage des bains et des douches d'Eaux thermales.

Les malades éloignés de Bourbonne et désireux de chercher dans nos sources célèbres l'amélioration d'une santé long-temps chancelante, doivent à cet égard consulter leur médecin, seul juge compétent de l'opportunité de leur usage; en ne prenant conseil que d'eux-mêmes, ils s'exposeraient aux regrets d'avoir fait un voyage inutile, dispendieux et peut-être nuisible.

SOURCES

FERRUGINEUSES DE LARIVIÈRE.

Le village de Larivière, situé dans le département de la Haute-Marne, à huit kilomètres nord de Bourbonne, n'offre rien de remarquable que son Eau ferrugineuse froide , connue depuis longues années par les habitans du pays, et par un petit nombre de malades étrangers qui l'employaient contre les affections des voies urinaires.

Provenant, selon toute apparence, du plateau d'Aigremont, géologiquement constitué par un grès liassique dont quelques couches sont ferrugineuses, elle surgit au milieu de la vallée qui voit naître la rivière de l'Apance, sur le bord d'une tourbière d'où sourdent aussi des eaux non minérales. En 1827, la commune de Larivière, désirant augmenter ses faibles revenus, afferma ses sources à M. Bastien, qui fit enfermer la plus considérable dans une construction en maçonnerie, tant pour la mettre à l'abri de la lumière, que pour empêcher son mélange avec les eaux pluviales.

Froide, limpide, d'une saveur analogue à celle de l'encre étendue d'eau, elle est irisée à sa surface et laisse déposer des matières ocreuses. — Sa pesanteur spécifique est de 1,023, celle de l'eau distillée étant 1,000.

Un litre d'Eau de Larivière soumis à l'évaporation par un pharmacien de l'hôpital militaire, en 1821, a fourni de l'acide carbonique et un résidu du poids de trois grammes, composé de :

Carbonate de fer ;

Id.　de chaux ;

Sulfate de soude ;

Chlorhydrate de soude.

D'après M. Bastien qui en a fait l'analyse en 1829, les principes minéralisateurs sont :

Carbonate de fer ;

—　de chaux ;

—　de magnésie ;

Sulfate　de soude ;

—　de chaux ;

—　de magnésie.

La silice et l'alumine à doses très minimes.
Les proportions de ces différentes substances
n'ont jamais été déterminées avec exactitude. —

Quoiqu'elle renferme moins de sels ferrugineux que certaines sources de la même classe,
l'Eau de Larivière, en raison de la dissolution
parfaite de ses principes minéralisateurs, jouit
de propriétés très efficaces qu'on peut mettre à
profit dans tous les cas qui réclament l'usage des
toniques légers, et particulièrement des préparations martiales. C'est ainsi qu'on la prescrit avec
succès contre l'anémie, les scrofules, les leucorrhées, l'atonie du canal gastro-intestinal, la
dyspepsie, particulièrement contre les affections
des voies urinaires, les cystites chroniques et la
gravelle, dont elle favorise l'expulsion. Dans ce
cas, comme dans la plupart des autres, on obtient les résultats les plus avantageux en l'associant aux Eaux de Bourbonne; j'en citerai seulement deux exemples.

— M. P..., négociant à B..., âgé de trente-neuf
ans, d'un tempérament sanguin, lymphatique,
éprouvait depuis plusieurs années des envies fréquentes et douloureuses d'uriner. L'urine était
trouble et laissait déposer une matière muqueuse,
plus ou moins sanguinolente, et paraissant être
de nature purulente. Il prit à Bourbonne, pen-

dant deux saisons, des bains coupés d'eau commune, et but l'Eau de Larivière pendant le même espace de temps ; après ce traitement de six semaines, M. P... paraissait parfaitement rétabli.

— L'illustre chirurgien Dubois, étant atteint d'une cystite chronique, par suite de l'opération de la lithotritie, vint à Bourbonne, en 1831 et but avec succès, d'après les conseils de son ami, M. le docteur Therrin, l'Eau ferrugineuse de Larivière, dont il continua l'usage quelque temps après son retour à Paris.

Cette Eau minérale ne s'administre qu'en boisson, à la dose d'un demi-litre à trois litres par jour, ordinairement pendant les repas, quelquefois à jeun ou dans le courant de la journée, suivant les indications à remplir. Il faut éviter d'en faire usage chez les personnes apoplectiques, dans les paralysies, suite de congestion, et toutes les fois qu'il existe une hypérémie générale ou locale.

TABLE DES MATIÈRES.

Avant-propos V

Introduction VII

Première partie 1

Deuxième partie 75

Sources ferrugineuses de Larivière 183

FIN DE LA TABLE.

TABLE DES MATIÈRES

[illegible]